职业教育"十三五"改革创新规划教材

C语言程序设计

叶　煜　陈俊丽　主　编
龙朝中　范丽萍　杜向然　张存烨　副主编

清华大学出版社
北　京

内 容 简 介

本书以培养实践操作能力为主要目的，采用案例与任务驱动的模式，把相关理论知识及语法内容融入具体案例，使读者掌握C语言程序设计知识、技巧及编程思想。全书共10章，内容包括C语言概述，数据类型与运算符，顺序结构程序设计，选择结构程序设计，循环结构程序设计，数组，函数，指针，结构体、共用体和枚举类型以及文件，每章后面附有习题帮助读者深入学习和提高。

本书案例丰富、内容翔实、层次分明，内容讲解深入浅出、通俗易懂，适合作为高职高专院校的教材，也可作为计算机等级考试的参考用书。

图书在版编目(CIP)数据

C语言程序设计/叶煜，陈俊丽主编. —北京：清华大学出版社，2018
(职业教育"十三五"改革创新规划教材)
ISBN 978-7-302-49271-9

Ⅰ. ①C… Ⅱ. ①叶… ②陈… Ⅲ. ①C语言－程序设计－高等职业教育－教材 Ⅳ. ①TP312.8

中国版本图书馆CIP数据核字(2018)第003262号

责任编辑：孟毅新
封面设计：李伯骥
责任校对：赵琳爽
责任印制：王静怡

出版发行：清华大学出版社
网　　址：http://www.tup.com.cn，http://www.wqbook.com
地　　址：北京清华大学学研大厦A座　　**邮　　编**：100084
社 总 机：010-62770175　　**邮　　购**：010-62786544
投稿与读者服务：010-62776969，c-service@tup.tsinghua.edu.cn
质量反馈：010-62772015，zhiliang@tup.tsinghua.edu.cn
课件下载：http://www.tup.com.cn，010-62770175-4278
印 装 者：三河市海新印务有限公司
经　　销：全国新华书店
开　　本：185mm×260mm　　**印　　张**：14.5　　**字　　数**：344千字
版　　次：2018年2月第1版　　**印　　次**：2018年2月第1次印刷
印　　数：1～3000
定　　价：42.00元

产品编号：077896-01

Preface 前言

C语言是一种广泛使用的编程语言，具有强大的功能与丰富的数据类型，兼具面向硬件编程的特性、可移植性好等多种优势。它不仅适用于系统软件的设计，还适用于应用程序设计；既可以作为学习编程的入门语言，也可以作为软件开发的工具语言。

C语言是高职高专学生学习编程语言的首选，但由于C语言语法规则较多、使用灵活，初学者常常感觉学习困难。鉴于此，编者在多年从事教学工作、实践应用的基础上总结经验，并参考有关资料编写了此书。

全书包括以下内容：第1章为C语言概述，主要介绍C语言的发展历程、C语言程序的基本结构、C语言编译器的使用；第2章为数据类型与运算符，主要介绍C语言的数据类型、常量与变量、运算符和表达式、数据类型的转换；第3章为顺序结构程序设计，主要介绍结构化程序设计、格式化输入与输出、顺序结构程序设计思想；第4章为选择结构程序设计，主要介绍if语句、switch语句、选择结构程序设计思想；第5章为循环结构程序设计，主要介绍while语句、do-while语句、for语句、循环结构程序设计思想；第6章为数组，主要介绍一维数组、二维数组、字符数组、字符串与字符串处理函数；第7章为函数，主要介绍函数的定义与调用、变量的作用域与存储类型、内部函数与外部函数；第8章为指针，主要介绍指针、指针变量、指针与数组、指针与函数；第9章为结构体、共用体和枚举类型，主要介绍结构体、链表、枚举、共用体、类型定义等；第10章为文件，主要介绍文件及文件的常用操作。附录包括ASCII码表、运算符优先级和结合性、C语言的关键字、C语言常用库函数等内容。每章包括“学习目标”“习题”等。“学习目标”明确学习任务，给出每章应该掌握的内容及达到的目的；“习题”部分对所学知识进行实践和检验，促进学习者深入学习和进一步提高。

由于编者水平有限，书中不足之处在所难免，恳请有关专家和广大读者批评指正，并多提出宝贵意见。编者的电子邮箱是cdnkxy@126.com。

编　者

2017.11

Contents 目录

第1章 C语言概述

第2章 数据类型与运算符

第 3 章　顺序结构程序设计

第 4 章　选择结构程序设计

第 5 章　循环结构程序设计

第 6 章　数　组

第7章 函 数

第8章 指 针

第 9 章 结构体、共用体和枚举类型

第 10 章 文 件

第 1 章

C语言概述

学习目标

1. 了解C语言的发展历程。
2. 熟悉C语言的特点。
3. 掌握C语言程序的基本结构。
4. 掌握C语言集成开发环境的使用，学会调试和运行C语言程序。

1.1 C语言的发展历程

C语言是一门通用的计算机编程语言，应用十分广泛。C语言的前身是BCPL语言。1970年，美国贝尔实验室的Ken Thompson对BCPL语言进行了修改，并为它取了一个有趣的名字“B语言”。意思是将BCPL语言“煮干”，提炼出它的精华。1973年，美国贝尔实验室的Dennis M. Ritchie在B语言的基础上设计出了一种新的语言，他取了BCPL的第二个字母作为这种语言的名字，这就是C语言。

1978年，Brian W. Kernighan和Dennis M. Ritchie出版了名著*The C Programming Language*，从而使C语言成为目前世界上流行最广泛的高级程序设计语言。

随着微型计算机的日益普及，出现了许多C语言版本。由于没有统一的标准，这些C语言之间出现了一些不一致的地方。为了改变这种情况，美国国家标准化学会(ANSI)在1983年为C语言制定了一套标准，称为ANSI标准，成为现行的C语言标准。

1.2 C语言的特点

C语言作为一种计算机高级语言，具有强大的功能，许多系统软件都是由C语言编写的，C语言同时具有汇编语言和高级语言的双重特性。它的主要特点如下。

1. 简洁紧凑、灵活方便

C语言只有32个关键字(见附录C)，9种控制语句，程序书写自由，能实现多种结构程序。

2. 运算符丰富

C语言共有34个运算符。C语言把括号、赋值、强制类型转换等都作为运算符处理，从而使C语言的运算类型极其丰富，表达式类型多样化。灵活使用各种运算符可以实现在其他高级语言中难以实现的运算。

3. 数据结构丰富

C语言的数据类型有整型、浮点型、字符型、数组类型、指针类型、结构体类型、共用体类型、枚举类型等，能用来实现各种复杂的数据类型的运算，并引入了指针概念，使程序效率更高。另外，C语言具有强大的图形功能，支持多种显示器和驱动器，且计算功能、逻辑判断功能强大。

4. C语言是结构式语言

结构式语言的显著特点是代码及数据的分隔化，即程序的各个部分除了必要的信息交流外彼此独立。这种结构化方式可使程序层次清晰，便于使用、维护以及调试。C语言是以函数形式提供给用户的,这些函数可方便地调用,并具有多种循环、条件语句控制程序流向,从而使程序完全结构化。

5. C语言允许直接访问物理地址,可以直接对硬件进行操作

C语言既具有高级语言的功能,又具有低级语言的许多功能,能够像汇编语言一样对位、字节和地址进行操作,而这三者是计算机最基本的工作单元。

6. C语言程序生成代码质量高,程序执行效率高

C语言一般只比汇编语言程序生成的目标代码效率低10%～20%。

7. C语言适用范围大,可移植性好

C语言有一个突出的优点就是适合于多种操作系统,也适用于多种机型,程序基本不做修改就可以运行。

1.3 C语言程序的基本结构

C语言程序可以由一个main()函数构成,也可以由一个main()函数和若干个自定义函数共同组成。例1.1中的C语言程序由一个main()函数构成;例1.2中的C语言程序由一个main()函数和一个自定义函数area()构成。

【例1.1】 在屏幕上打印"同学们,上午好!"。

```
#include <stdio.h>
main()
{
    printf("同学们,上午好!\n");
}
```

程序运行结果:

```
同学们,上午好!
```

程序解读:

(1) 程序的第1行#include部分叫做文件包含(属于编译预处理内容)。本程序使用了格式化输出函数printf(),这个函数的信息写在文件stdio.h中。程序中使用了printf(),则需要把存放printf()信息的文件stdio.h包含进来。

(2) 程序第2行是main()函数。本程序只包含了一个main()函数,称为主程序或者主函数,每个完整的C语言程序都有且只有一个main()函数,是程序执行的起点和终点。

(3) main()下面一对大括号{}叫做函数体,是实现程序功能的地方。

(4) {}之内就是C语言程序的语句。本例只有一条语句,使用printf()格式化输出函数,实现的功能是把字符串“同学们,上午好!”打印到屏幕上。C语言的每条语句必须以分号(;)表示语句结尾。因为有语句结尾标志,所以在C语言中,同一行可以写多条语句,一条语句也可以分开写在多行上,但双引号括起来的字符串除外。

【例1.2】 求半径为10的圆的面积。

```
#include <stdio.h>
#define PI 3.14                     //宏定义,定义符号常量 PI,代表 3.14
float area(float r);                //函数声明
main()                              //主函数
{
    float r,s;
    r = 10;
    s = area(r);                    //函数的调用
    printf("半径是 %.2f 的圆的面积是: %.2f\n",r,s);
}
float area(float r)                 //函数的定义
{
    return PI * r * r;
}
```

程序运行结果:

```
半径是 10.00 的圆的面积是: 314.00
```

程序解读:

(1) 程序的第2行#define部分叫做宏定义(是编译预处理内容),表示定义了一个名字叫做PI的宏,它代表了后面的内容3.14,程序中凡是出现PI的地方统统用3.14代替。宏是一种符号常量。

(2) 程序第3行是对自定义函数的声明,说明自定义函数的返回值类型、函数的名称、函数参数的类型以及参数个数等信息。

(3) 程序中用//引导的部分或用/*与*/括起来的内容叫做行注释内容,是对程序的说明,以便于阅读和理解,程序在执行过程中会忽略注释内容。//引导的叫做行注释,只注释一行的内容;/*与*/括起来的叫做块注释,可以是多行的内容。

(4) 本程序有一个main()函数,有一个自定义函数area()。area()函数的功能就是求圆的面积。函数就是具有一定特定功能的程序模块。

1.4 Dev-C++/Visual C++ 6.0 开发环境

C语言程序采用编译方式将源程序转换为二进制目标代码。编写完成一个C语言程序到获得运行结果一般要经历编辑、编译、连接、运行4个步骤。编辑是指输入源程序代码并保存为扩展名为.c的磁盘文件；编译是指将已经编辑好的源程序翻译成二进制的目标代码，在这一过程中还将对源程序进行语法检查，如发现错误，则需要修改源程序直到通过编译生成.obj文件为止；连接是指将各个模块的二进制目标代码与系统标准模块经过连接处理后得到.exe可执行文件；运行是指可执行文件运行并输出结果，在这一过程中要检查输出结果是否存在错误，如果有错，则程序存在逻辑错误，需要再次修改源程序，直到输出结果正确。这些工作都要在C语言的开发环境中进行。下面介绍两款常用的C/C++集成开发环境，Dev-C++和Visual C++ 6.0。

1.4.1 Dev-C++开发环境

1. Dev-C++集成开发环境简介

Dev-C++是Windows平台下一款开源的C/C++集成开发环境。它集成了GCC、MinGW32等众多自由软件，界面类似Visual Studio，但体积要小得多。Dev-C++完美支持Windows 7、Windows 8等操作系统。在Windows操作系统中正确安装Dev-C++软件后，桌面及“开始”菜单中会有该软件的快捷方式。双击桌面快捷方式启动Dev-C++，进入Dev-C++主窗口，如图1.1所示。

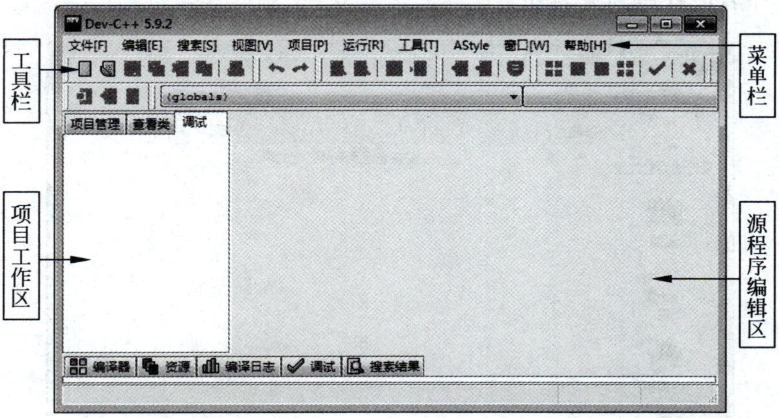

图1.1 Dev-C++主窗口

Dev-C++主窗口界面由菜单栏、工具栏、项目工作区和源程序编辑区组成。

(1) 菜单栏：包含了Dev-C++集成开发环境中的所有命令，为用户提供了文档操作、程序编辑、程序编译、程序调试、窗口操作、操作帮助等一系列功能。

(2) 工具栏：在工具栏上，分配了系统中常用命令的图形按钮，以方便用户操作。

(3) 项目工作区：包含项目信息，包括项目文件、类等资源。

(4) 源程序编辑区：对源程序的所有编辑工作都在这个区域内进行。

2. Dev-C++操作方法

在Dev-C++集成开发环境中开发C语言程序的具体操作方法如下。

(1) 启动 Dev-C++之后，选择“文件”菜单中的“新建”命令，在弹出的子菜单中选择“源代码”命令，如图 1.2(a)所示，或者单击工具栏上的“新建”按钮，在弹出的菜单中选择“源代码”命令，如图 1.2(b)所示，即可创建一个空白源文件。

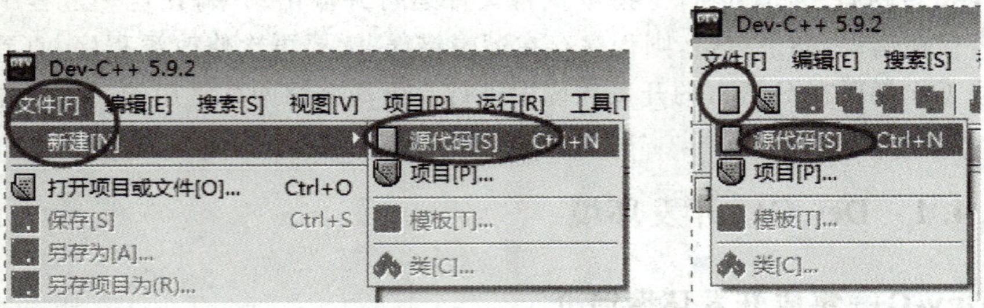

(a) 菜单操作　　(b) 工具按钮操作

图 1.2　Dev-C++新建源代码

(2) 输入源程序，然后选择“文件”菜单中的“保存”命令或单击工具栏上的“保存”按钮，弹出“保存为”对话框。在对话框底部的“保存类型”下拉列表框中选择 C source files (＊.c) 选项，将文件保存为.c 文件，如图 1.3 所示。也可以不选择保存类型，直接在文件名后添加扩展名.c。文件名最好做到见名知意。

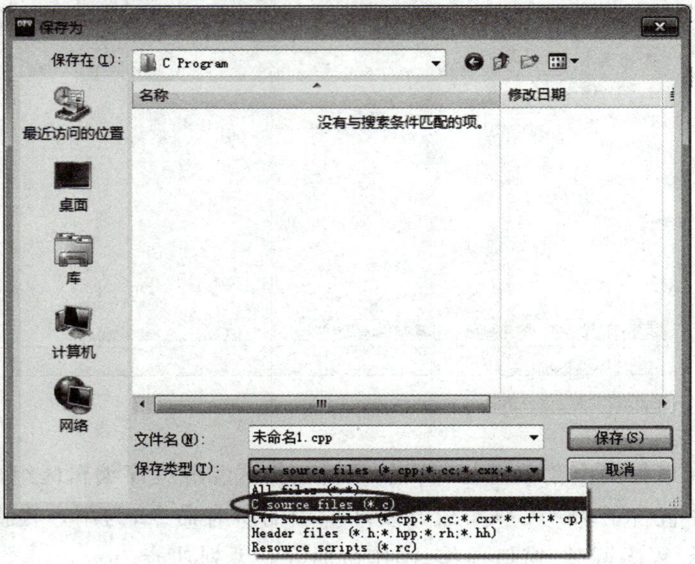

图 1.3　保存文件

(3) 编译程序。单击工具栏上的“编译”按钮，对程序进行编译(按 F9 键)，此时“编译日志”窗口被激活，显示本程序的编译信息，如果是 0 个错误、0 个警告，则表示程序没有语法错误，可以运行了，如图 1.4 所示。

(4) 运行程序。单击工具栏上的“运行”按钮(按 F10 键)，弹出程序运行结果窗口，如

图 1.5 所示。检查运行结果是否正确或符合要求，如果不正确或不满意，则需要修改源程序，再进行上述编译、连接、运行等操作，直到程序结果正确。

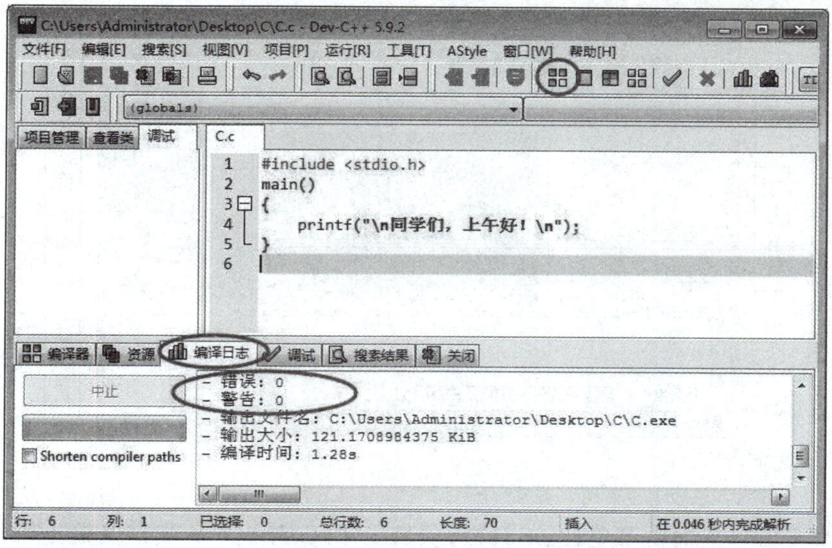

图 1.4 编译程序

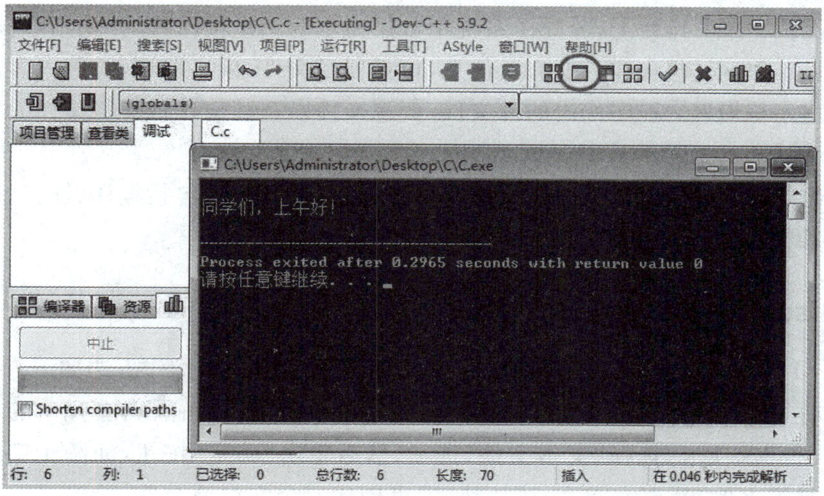

图 1.5 运行程序

1.4.2 Visual C++ 6.0 开发环境

1. Visual C++ 6.0 集成开发环境简介

Microsoft Visual C++ 6.0 简称 Visual C++ 6.0 或 VC 6.0，是 Microsoft 公司推出的 C/C++ 语言集成开发环境，是一个使用广泛、功能强大的可视化软件开发工具。在

Windows 操作系统中正确安装 VC 6.0 软件后,可以打开 Windows 的"开始"菜单,选择"所有程序"→Microsoft Visual C++ 6.0 命令来启动 Visual C++ 6.0,其主窗口如图 1.6 所示。

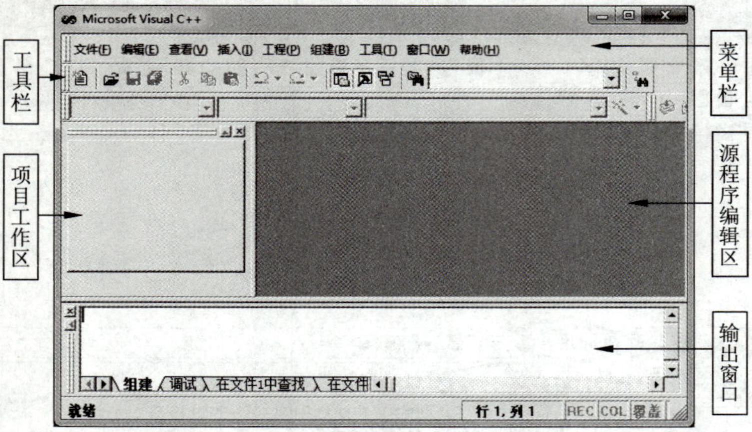

图 1.6　VC 6.0 主窗口

VC 6.0 主窗口界面由菜单栏、工具栏、项目工作区、源程序编辑区及输出窗口组成。

(1) 菜单栏:包含 Visual C++ 6.0 集成开发环境中的所有命令,为用户提供了文档操作、程序编辑、程序编译、程序调试、窗口操作等一系列功能。

(2) 工具栏:在工具栏上,分配了系统中常用命令的图形按钮,以方便用户操作。

(3) 项目工作区:包含项目的有关信息,包括项目文件、项目资源、类等内容。

(4) 源程序编辑区:程序代码的源文件、资源文件以及其他各种文档文件的编辑工作都在这个区域内进行。

(5) 输出窗口:输出窗口一般在集成开发环境窗口的底部,包括编译、连接、调试及在文件中查找等相关信息的输出。

2. Visual C++ 6.0 操作方法

在 Visual C++ 6.0 集成开发环境中开发 C 语言程序的具体操作方法如下。

(1) 启动 Visual C++ 6.0 之后,选择"文件"菜单中的"新建"命令,在弹出的"新建"对话框中单击"文件"选项卡,选择"文本文件"选项,然后单击"确定"按钮,如图 1.7 所示。或者直接单击工具栏上的"新建文本文件"按钮,即可创建一个空白源文件。

(2) 输入源程序,然后选择"文件"菜单中的"保存"命令或单击工具栏上的"保存"按钮,弹出"保存为"对话框,保存文件为.c 文件,如图 1.8 所示。

(3) 编译文件。单击工具栏上的"编译"按钮(按 Ctrl+F7 组合键),对文件进行编译,编译文件时,系统会要求生成一个活动的工作空间,单击"是"按钮之后活动的工作空间显示在 VC 6.0 项目工作区。输出窗口会显示本程序的编译信息,如果是"0 error(s),0 warning(s)",则表示程序没有语法错误,同时工具栏上的"运行"按钮被激活,可以运行程序了,如图 1.9 所示。

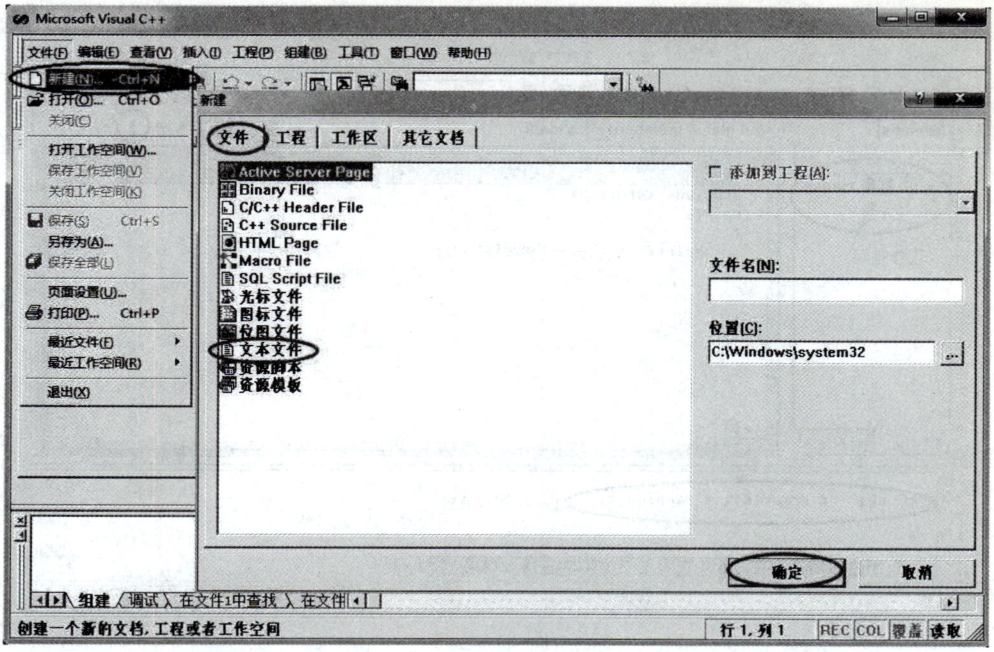

图 1.7　新建文件

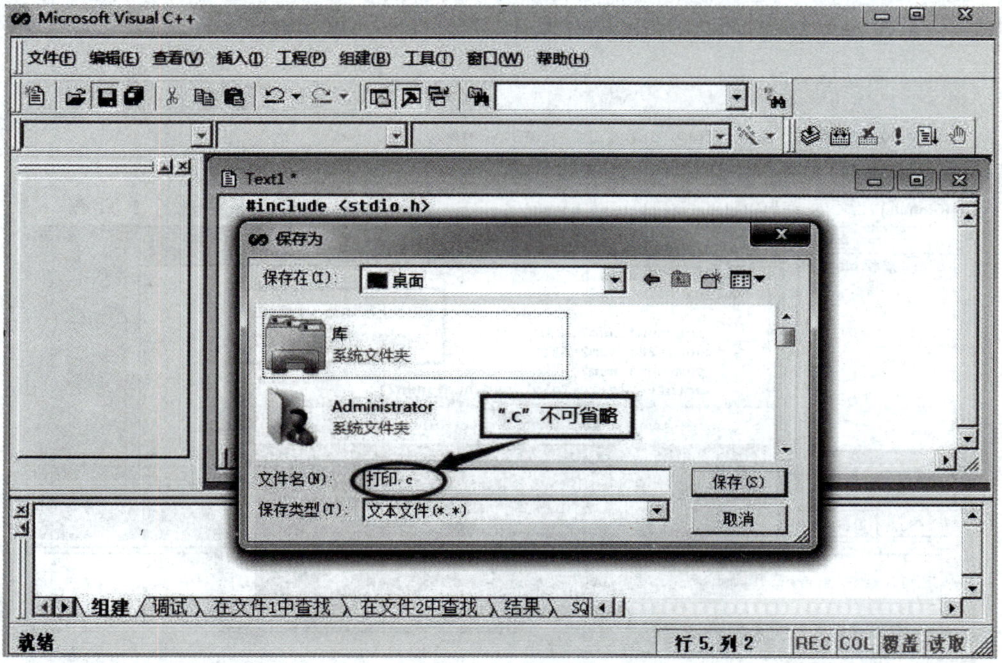

图 1.8　保存文件

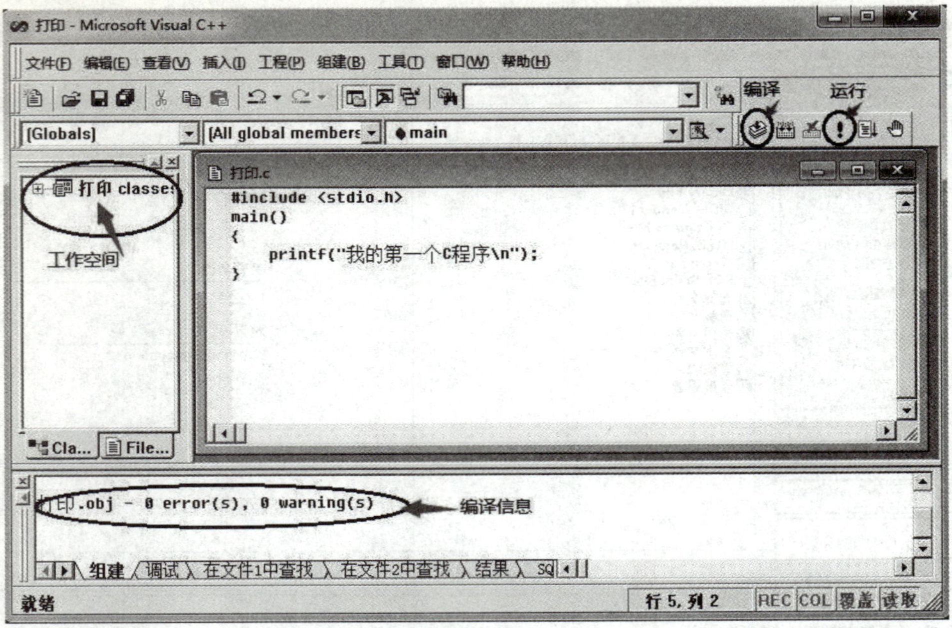

图 1.9　编译文件

(4) 运行程序。单击工具栏上的"运行"按钮(按 Ctrl+F5 组合键),弹出程序运行结果窗口,如图 1.10 所示。检查运行结果是否正确或符合要求,如果不正确或不满意,则需要修改源程序,再进行上述编译、连接、运行等操作,直到程序结果正确。

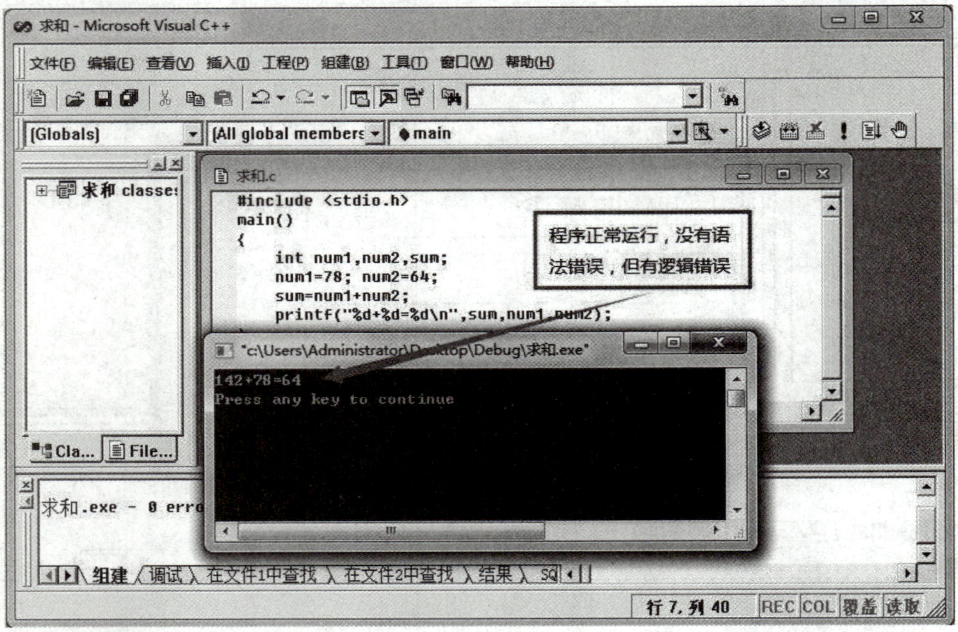

图 1.10　运行程序

（5）由于在 VC 6.0 中，每一个独立的 C 语言程序都需要在自己的工作空间中处理，而同一个工作空间只能有一个 main()函数，因此，要编辑第 2 个 C 语言程序，必须关闭上一个 C 语言程序处理时的工作空间，否则编译程序时会出错。关闭工作空间的方法如图 1.11 所示。

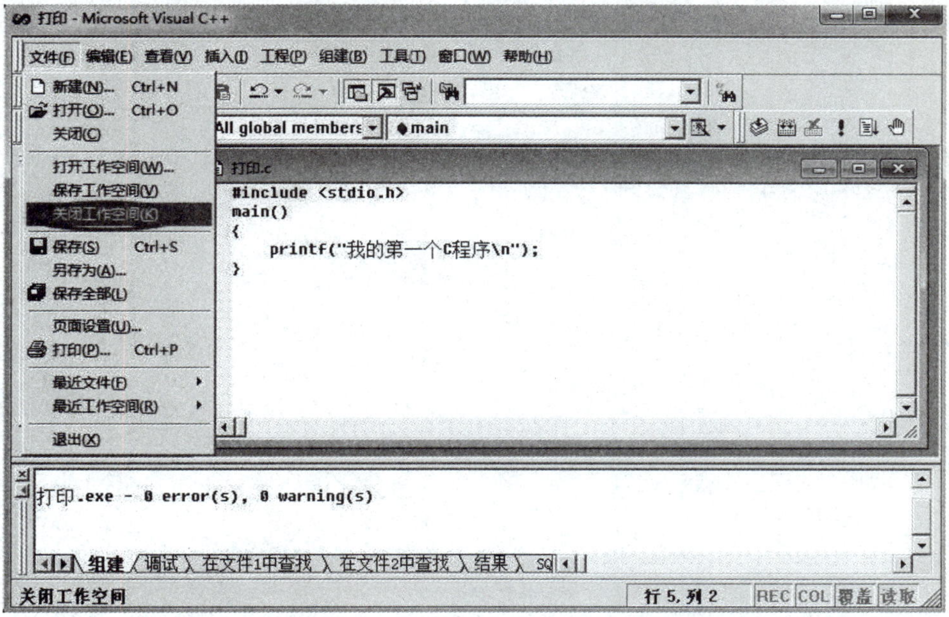

图 1.11　关闭工作空间

习题 1

一、填空题

1. 一个 C 语言程序有且只有一个________函数。
2. C 语言程序执行的起点和终点都是________函数。
3. C 语言程序是以________表示语句结尾的。
4. //引导的内容是程序的________内容，程序执行时会忽略该内容。
5. ＃define 定义的符号叫做________，它属于________量。

二、编程题

参照例 1.1，在屏幕上打印出如下内容。

```
****************************
      这是我的第一个程序
****************************
```

第 2 章

数据类型与运算符

学习目标

1. 了解C语言的数据类型，掌握基本数据类型的表示。
2. 掌握C语言中常量和变量的概念，掌握变量的命名规则。
3. 掌握算术运算、赋值运算、关系运算、逻辑运算和逗号运算等运算符及其表达式。
4. 掌握各种类型数据之间的转换。

2.1 C语言的数据类型

数据是程序加工处理的对象，也是加工的结果，它是程序设计中涉及的主要内容。数据类型是按被定义变量的性质、表示形式、占据存储空间的多少及构造特点来划分的。C语言数据类型如图2.1所示。

C语言数据类型包括基本类型、构造类型、指针类型和空类型4种。

(1) 基本类型：包括整型、浮点型和字符型。这3种数据是C语言内部的数据类型，其值不能再分解为其他类型。

(2) 构造类型：包含数组类型、结构体类型、枚举类型和共用体类型。构造类型是根据已定义的一个或多个数据类型用构造的方法进行定义，一个构造类型的值可以分解成若干个“成员”或“元素”。每个“成员”是一个基本数据类型或另一个构造类型。

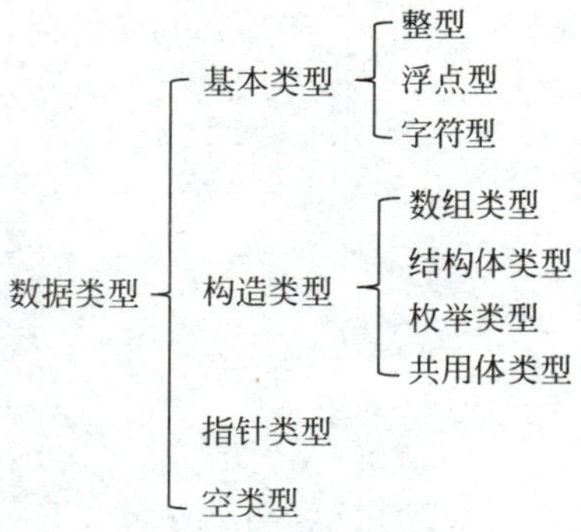

图2.1 C语言数据类型

(3) 指针类型：指针是一种特殊的具有重要作用的数据类型，用来表示某个变量在内存中的地址。虽然指针变量的取值类似于整型值，但这是两个类型完全不同的值，不能混为一谈。

(4) 空类型：空类型void用来声明函数的返回值类型为空，即不需要函数有返回值。

本章只介绍整型、浮点型和字符型这3种基本数据类型。

2.2 常量与变量

2.2.1 常量

常量是指在程序运行时其值不能改变的量。C语言中常用的常量主要有3类：整型常量、浮点型常量、字符型常量。另外，还有编译预处理中用#define定义的符号常量。

1. 整型常量

整型常量就是整型数据，C语言整型常量有3种表示形式。

(1) 十进制形式。由数字0～9共10个数字表示，如234、-67、0等。

(2) 八进制形式。以数字0开头，由数字0～7共8个数字表示，如0335、-072等。

(3) 十六进制形式。以0x开头，由数字0～9与字母A～F表示，如0xAC83、0x62、-0x87B等。

另外，如果整型常量数据后面有后缀L，表示该数是一个长整型数据，如456L。

2. 浮点型常量

浮点型常量也称为实型常量，C 语言浮点型常量有两种表示形式。

(1) 十进制小数形式。由数字和小数点组成，如 3.1415926、0.88、55.0 等。其中小数点不可省略，整数部分和小数部分不可同时省略。

(2) 指数形式。该形式也称科学记数法，用指数记数法来表示，如 2.76×10^3 用 2.76e3 或 2.76E3 表示。要注意字母 E(e)之前必须有数字，且字母 E(e)后面的指数必须为整数。

3. 字符型常量

C 语言中的字符型常量有 3 种类型：字符型常量、字符串常量和转义字符。

(1) 字符型常量。用单引号括起来的单个字符称为字符型常量，如'A'、'#'、'&'、'9'等。一个字符占用 1B(1 字节)存储空间，字符型数据在计算机中存储的是字符的 ASCII 码。例如，字母'A'的二进制表示为 01000001，转换为十进制是 65；字符'#'的二进制表示为 00100011，转换为十进制是 35；数字字符'9'的二进制表示为 00111001，转换为十进制是 57。大写字母'A'～'Z'的 ASCII 码是 65～90；小写字母'a'～'z'的 ASCII 码是 97～122；数字字符'0'～'9'的 ASCII 码是 48～57。

字符型数据在计算机中存储的 ASCII 码等同于数值，因此，字符型数据可以和数值一样参与算术运算。

(2) 字符串常量。字符串常量是用一对双引号括起来的字符序列，例如，"abcd"、"This is a test"、"A"、"张"、"DEMO"等都是字符串常量。

C 语言规定，在存储字符串常量时，由系统在字符串末尾自动添加一个转义字符\0，作为字符串的结束标志。因此，'A'和"A"虽然都只有一个字符，但它们的含义完全不同，'A'是字符型常量，占用 1 字节的存储空间；而"A"是字符串常量，它与字符串结束标志一起占用 2 字节的存储空间。

(3) 转义字符。以\开头的具有特殊含义的字符，是 C 语言中单字符的特殊表现形式，通常表示键盘上的控制字符和某些用于功能定义的特殊符号，如回车换行符、制表符等。转义字符是单字符，只占用 1 字节的存储空间。常用的转义字符如表 2.1 所示。

表 2.1 常用的转义字符

转义字符	字符含义
\n	换行，光标跳到下一行行首
\t	横向跳格，跳到下一个 Tab 制表位
\r	回车，光标跳到本行行首
\f	走纸换页
\b	退格，光标后退一个字符位
\v	纵向跳格
\\	反斜杠\

续表

转义字符	字符含义
\'	单引号字符
\"	双引号字符
\ddd	1~3 位八进制所代表的字符
\xhh	1~2 位十六进制所代表的字符

【例 2.1】 转义字符的使用。

```
#include <stdio.h>
main()
{
    printf("字符串常量要用\"...\"引起来\n");
    printf("字符型常量要用\'...\'引起来\n");
    printf("赵\\钱\r\\孙\\李\\周--百家姓\n");
    printf("\tThe\b demo \052 \x23\n");
}
```

程序运行结果：

```
字符串常量要用"..."引起来
字符型常量要用'...'引起来
\孙\李\周--百家姓
        Th demo * #
```

程序解读：

第 1 条 printf()语句使用转义字符\"，在屏幕输出双引号"；转义字符\n 在行尾使光标换行；其余普通字符原样输出。

第 2 条 printf()语句使用转义字符\'，在屏幕输出单引号'；转义字符\n 在行尾使光标换行；其余普通字符原样输出。

第 3 条 printf()语句使用转义字符\\，在屏幕输出单斜杠\；除此之外还使用了转义字符\r(回车符，不换行)，在本行输出了"赵\钱"之后，遇到了\r，它使光标返回本行最左端，并从这个位置开始输出后面的内容，因此后面输出的"\孙\李\周——百家姓"覆盖了之前输出的"赵\钱"。

第 4 条 printf()语句开头为\t，\t 产生一个制表位(8 个字符)的空白之后输出 The；然后遇到转义字符\b，光标后退一格并从此位置输出后面的内容，因此后面输出的空格覆盖了字母 e；输出 demo 之后遇到 3 位八进制转义字符\052 和 2 位十六进制转义字符\x23，它们分别代表 * 和 #，屏幕输出 * #；遇到\n 换行结束。

4. 符号常量

C 语言中，常量除了以自身的直接表示之外，还可以用标识符来表示。当同一个常量在程序中反复多次出现，用标识符来表示该常量，可以提高程序的灵活性和可维护性。C语言中，符号常量用宏定义的方式描述，格式如下。

```
#define  符号常量  字串
```

例如：

```
#define PI 3.1415926
```

表示定义了一个名为PI的符号常量，它代表了3.1415926这一串数字，以后凡在程序中出现PI的地方，都自动转换为π常量3.1415926。当程序中需要修改π的值时，只须修改宏定义一个地方即可。

约定俗成，符号常量名一般用大写字母表示，以示和变量名相区别。

【例2.2】 符号常量的使用：求圆的面积。

```
#include <stdio.h>
#define PI 3.14
main()
{
    double r,s;
    r=10;
    s=PI*r*r;
    printf("半径是%.1lf的圆的面积是：%.1lf\n",r,s);
}
```

程序运行结果：

```
半径是10.0的圆的面积是:314.0
```

2.2.2 变量

程序运行过程中，值可以发生改变的量就是变量。变量由于值的不确定性，只能以符号来表示，表示变量的符号称为变量名，也叫标识符。

变量名的命名规则：只能由字母、数字、下划线组成，第1个字符必须是字母或下划线，不能和C语言的关键字重名；变量名还要尽可能做到“见名知意”，即看到变量名就知道该变量的含义，例如，name表示姓名，age表示年龄，max表示最大值等。

在C语言中，变量必须先定义、后使用。

定义变量的格式如下。

```
类型名  变量名列表;
```

C 语言中常用的变量有以下 3 种。

1. 整型变量

整型变量以 int 为基本类型，根据占用存储空间字节数的不同，整型变量一共分为 4 类：短整型 short[int]、整型 int、长整型 long[int]和无符号整型。无符号整型又分为无符号短整型 unsigned short、无符号整型 unsigned[int]和无符号长整型 unsigned long 3 种。无符号整型变量只用于存储无符号整数。

各类整型变量所占用的存储空间及表示的数据范围如表 2.2 所示。

表 2.2 ANSI C 整型变量

数据类型	占用空间/B	取值范围
short[int]	2	−32768～32767
int	2(16 位系统)/4(32 位系统)	−32768～32767(16 位系统)
long[int]	4	−2147483648～2147483647
unsigned short	2	0～65535
unsigned[int]	2	0～65535
unsigned long	4	0～4294967295

【例 2.3】 整型变量的定义及使用。

```
#include <stdio.h>
main()
{
    int num1,num2;                       //定义两个名为 num1、num2 的整型变量
    unsigned unum;                       //定义一个名为 unum 的无符号整型变量
    num1 = 10; num2 = - 20;              //为变量赋值
    unum = 65535;
    printf("num1 = %d,num2 = %d,unum = %d\n",num1,num2,unum);     //输出变量值
}
```

程序运行结果：

```
num1 = 10,num2 =- 20,unum = 65535
```

2. 浮点型变量

浮点型变量有两种类型，单精度浮点型变量 float 和双精度浮点型变量 double。float 类型一般占用 4B 内存，有效位为 6～7 位；double 类型一般占用 8B 内存，有效位为 15～16 位，如表 2.3 所示。

表 2.3 ANSI C 浮点型变量

数据类型	占用空间/B	取值范围
float	4	$-3.4\times10^{38}\sim3.4\times10^{38}$
double	8	$-1.7\times10^{308}\sim1.7\times10^{308}$

【例 2.4】 浮点型变量的定义及使用。

```
#include <stdio.h>
main()
{
    float num1;                                         //定义一个单精度浮点型变量
    double num2,sum;                                    //定义两个双精度浮点型变量
    num1 = -23; num2 = 345.6789;                        //赋值,可以赋整型值,也可以赋实型值
    sum = num1 + num2;                                  //求和
    printf("\n%.0f + %lf = %.4lf\n",num1,num2,sum);     //输出求和结果,输出时格式
                                                        //字符要一一对应
}
```

程序运行结果：

```
-23 + 345.678900 = 322.6789
```

程序解读：

(1) printf()函数输出单精度浮点型数据时使用格式字符%f,输出双精度浮点型数据时使用格式字符%lf。

(2) 用%f 或%lf 输出数据,小数点后总是输出 6 位数字。

(3) 修饰符%.4f 或%.4lf 表示以四舍五入的格式输出小数点后的 4 位数字；如果改成%.0f 或%.0lf 则表示不要小数点后面的内容,以四舍五入的格式输出整数部分。

【例 2.5】 浮点型变量精度差异比较。

```
#include <stdio.h>
#define PI 3.14159
main()
{
    int r;
    float area1;
    double area2;
    r = 12;
    area1 = PI * r * r;
    area2 = PI * r * r;
    printf("area1 = %f\narea2 = %lf\n",area1,area2);
}
```

程序运行结果：

```
area1 = 452.388947
area2 = 452.388960
```

程序解读：

本例采用同一个 PI 常量、同一个半径求圆面积，但最后输出的圆面积有小小的差异。这是因为单精度浮点型数据的有效位是 6～7 位，即只能保证数据前 6～7 位是准确的；而双精度浮点型数据的有效位是 15～16 位，它能够保证数据前 15～16 位的准确性。本例在 PI 常量取 3.14159、半径为 10 的条件下计算圆面积，结果为 452.388960，数字达到 8 位，超过了单精度浮点型数据的有效位，因此存储时发生误差，得到了与双精度浮点型数据不同的输出结果，但前 7 位是一致的。

3. 字符型变量

字符型变量使用的关键字是 char，它在内存中占用 1B 存储空间，如表 2.4 所示。

表 2.4　ANSI C 字符型变量

数据类型	占用空间/B	取值范围
char	1	0～255

一个字符型变量存储一个字符数据。字符型变量存储的是该字符的 ASCII 码值，ASCII 码与整数的存储形式一致，因此，C 语言中在 0～255 这个范围以内，允许字符型变量与整型变量通用，并且字符型数据可以参与计算。

【例 2.6】 字符型变量与整型变量通用。

```
#include <stdio.h>
main()
{
    int num1,num2;
    char ch1,ch2;
    num1 = 65; num2 = 'E';                          //整型变量可以存整数,也可以存字符
    ch1 = '#'; ch2 = 98;                            //字符型变量可以存字符,也可以存整数
    printf("num1:%d\tnum2:%d\n",num1,num2);         //整型变量可以以整数格式输出
    printf("num1:%c\tnum2:%c\n",num1,num2);         //整型变量可以以字符格式输出
    printf("ch1:%d\tch2:%d\n",ch1,ch2);             //字符型变量可以以整数格式输出
    printf("ch1:%c\tch2:%c\n",ch1,ch2);             //字符型变量可以以字符格式输出
}
```

程序运行结果：

```
num1:65   num2:69
num1:A    num2:E
```

```
ch1:35      ch2:98
ch1:#       ch2:b
```

【例 2.7】 字符型变量进行算术运算。

```
#include <stdio.h>
main()
{
    char ch;
    ch = 'B';
    printf("运算之前: ch = %c\n",ch);
    ch = ch + 32;
    printf("运算之后: ch = %c\n",ch);
}
```

程序运行结果：

```
运算之前: ch = B
运算之后: ch = b
```

2.3　运算符

运算符是一种告诉编译器执行特定的数学或逻辑操作的符号。C 语言内置了丰富的运算符和表达式，除了控制语句和输入/输出以外的几乎所有的基本操作都作为运算符处理。丰富的运算符和表达式使 C 语言功能完善。这也是 C 语言的主要特点之一。

C 语言的运算符具有不同的优先级和不同方向的结合性。在表达式中，各运算数据参与运算的先后顺序不仅要遵守运算符优先级别的规定，还要受运算符结合性的制约，以便确定是自左向右进行运算还是自右向左进行运算。这种结合性是其他高级语言的运算符所没有的，因此也增加了 C 语言的复杂性。

2.3.1　赋值运算符与赋值表达式

1. 赋值运算符

赋值运算符用“=”表示，是双目运算符，具有右结合性。它的功能是将等号右侧表达式的值赋给等号左侧的变量。

2. 赋值表达式

赋值表达式的一般格式如下。

```
变量 = 表达式;
```

例如:

```
num = 78;
sum = 35 + 9/2.0;
```

赋值表达式的处理方式:首先计算赋值运算符"="右侧表达式的值,然后将表达式的值赋给"="左侧的变量。

当表达式的值与被赋值变量类型不同时,系统将表达式的值自动转换成变量的数据类型,然后进行赋值操作。例如,上面赋值的例子中,如果变量 num 的类型为 double 类型,整型数据 78 将转换为浮点型数据 78.0 再赋给 num,最终 num=78.0;而表达式 35+9/2.0 的计算结果为 39.5,是一个浮点数,如果 sum 是整型变量,浮点型数据 39.5 会转换为整型数据 39 赋给变量 sum,最终 sum=39,这个过程中有数据精度的损失。

【例 2.8】 赋值运算符的使用。

```
#include <stdio.h>
main()
{
    double num1;
    int num2;
    num1 = 5;
    num2 = 10.3;
    printf("整型变量赋浮点数 10.3 之后是: %d\n",num2);
    printf("浮点型变量赋整型数 5 之后是: %lf\n",num1);
}
```

程序运行结果:

```
整型变量赋浮点数 10.3 之后是:10
浮点型变量赋整型数 5 之后是:5.000000
```

2.3.2 算术运算符与算术表达式

1. 算术运算符

基本算术运算符有 5 个:+(加)、-(减)、*(乘)、/(除)和%(取余),均为双目运算符,具有左结合性。这 5 个算术运算符优先级:*(乘)、/(除)、%(取余)同级,+(加)、-(减)同级,并且前者高于后者。

注意:

(1) C 语言规定,如果参与计算的两个数据均为整型,运算结果只取商的整数部分,小数部分被舍弃，例如，9/2=4；两个运算数据中只要有浮点数，则运算结果为浮点数，例如9/2.0=4.5。

(2) 进行取余运算时，要求运算数据必须是整型，如果运算数据中有浮点型，则是语法错误。

2. 算术表达式

C语言的算术表达式由算术运算符、常量、变量、函数和圆括号组成，其基本形式与数学上的算术表达式类似。例如：

```
2+3   55-7.8/3   n*(16%5-m)   (7*(x-5)+y)/sqrt(n)
```

都是合法的算术表达式。算术表达式求值遵循两条规则。

(1) 按运算符优先级高低依次执行，先括号，再乘、除、取余，再加、减。

(2) 运算符优先级相同时按运算符的结合性进行，算术运算符都是具有左结合性，所以，从左至右进行计算。

算术表达式中的函数可以是自定义函数，也可以是库函数，上面例子中的sqrt(n)就是系统函数库中的数学函数“开平方”函数。程序中调用了该函数，应该在源程序开头加上文件包含命令行#include <math.h>。

【例2.9】 算术运算符/的使用。

```
#include<stdio.h>
main()
{
    int num1=7,num2=2;
    float num3=4.0,result;
    result=num1/num2;
    printf("整数%d除以%d的结果是:%.1f\n",num1,num2,result);
    result=num1/num3;
    printf("整数%d除以浮点数%.1f的结果是: %.2f\n",num1,num3,result);
}
```

程序运行结果：

```
整数7除以2的结果是:3.0
整数7除以浮点数4.0的结果是: 1.75
```

2.3.3 关系运算符与关系表达式

1. 关系运算符

关系运算是指对两个数据进行比较，判定给定的两个数据之间的关系是否成立，关系运算符的运算结果只有真或假两种情况，分别用1和0来表示。C语言提供了6个关系运算符：>(大于)、>=(大于或等于)、<(小于)、<=(小于或等于)、==(等于)、!=(不等于)。

关系运算符均为双目运算符，具有左结合性。这6个关系运算符优先级：>(大于)、>=(大于或等于)、<(小于)、<=(小于或等于)同级，==(等于)、!=(不等于)同级，且前4个关系运算符优先级高于后两个。

2. 关系表达式

关系表达式就是关系运算符连接起来的表达式。例如：

```
5<3   '0'==0   'a'!='A'   1==34>=34   45/4+22%20==3+2*5
```

这5个表达式除了第1、第2两个表达式表示的关系不成立之外，其他3个表达式的关系都成立，运算结果依次为0、0、1、1、1。

需要特别注意的是，在关系表达式中，不要把==误写成=，==是关系运算符，=是赋值运算符，它们的功能、含义完全不同。如果把关系表达式'0'==0误写为'0'=0，程序编译时会发生语法错误；把关系表达式a==5误写为a=5，关系运算就变成赋值运算，将不会产生比较的效果，作为条件表达式，则条件永远为真。

2.3.4 逻辑运算符与逻辑表达式

1. 逻辑运算符

逻辑运算是指逻辑值参与的运算。当一个表达式里有多个条件时，就需要使用逻辑运算符进行描述。

C语言中的逻辑运算符有3个：&&(与)、||(或)、!(非)。

3个逻辑运算符中，!为单目运算符，具有右结合性；&&和||为双目运算符，具有左结合性。优先级从高到低依次为!(非)→&&(与)→||(或)。

逻辑运算符只对逻辑值进行计算，也就是说逻辑运算符的运算对象只有1和0，当遇到不是1和0的数据时，非0数据应视为“真”。例如-5&&'A'，等价于1&&1。

逻辑运算符的运算规则如表2.5所示。

表2.5 逻辑运算符的运算规则

a	b	a&&b	a||b	!a
0	0	0	0	1
0	1	0	1	1
1	0	0	1	0
1	0	1	1	0

概括来说，&& 的运算规则是见 0 为 0，全 1 为 1；||的运算规则是见 1 为 1，全 0 为 0；！的运算规则是见 0 为 1，见 1 为 0。

2. 逻辑表达式

逻辑表达式是指用逻辑运算符连接起来进行逻辑运算的一个或多个表达式，是多条件的组合表达。例如，一个闰年年份要满足能被 4 整除但不能被 100 整除，或者能被 400 整除，这样的几个条件，用逻辑表达式描述如下。

```
year % 4 == 0&&year % 100!= 0||year % 400 == 0
```

逻辑表达式的值也是一个逻辑值，逻辑真或逻辑假，C 语言用 1 表示逻辑真，用 0 表示逻辑假。但在判断一个结果为真或为假时，以 0 和非 0 为标准：如果为 0，就判定为逻辑假；如果为非 0，就判定为逻辑真。

【例 2.10】 逻辑表达式及其计算。

设 int a=3，b=4，c=5，有以下逻辑表达式，计算表达式的值。

(1) a+b>c&&b==c；

(2) a||b+c&&b-c；

(3) !(a>b)&&!c||1；

(4) !(x=a)&&(y=b)&&0；

(5) !(a+b)+c-1&&b+c/2。

计算结果依次为 0、1、1、0、1。

2.3.5 自增运算符++和自减运算符--

自增++和自减--两个运算符都是单目运算符，具有右结合性。它们的作用分别是使变量的值增 1 或减 1。自增、自减运算都有前置和后置两种使用形式。

1. 前置运算

++和--前置的格式如下。

```
++变量
--变量
```

自增(自减)运算符放在变量之前，要先使变量的值加 1(或减 1)，然后再进行表达式中的其他运算。

例如，设有定义 int a=5，b，执行以下语句：

```
b = ++a;                //本句执行完 a = 6,b = 6
printf(" % d", -- b);   //本句执行完 b = 5,屏幕输出 5
```

第 1 句，因＋＋前置，所以 a 的值先加 1，变成 6，再将 6 赋值给变量 b，得到 b＝6。

第 2 句，因－－前置，所以 b 的值先减 1，变成 5，再进行打印操作，屏幕输出 5。

2. 后置运算

＋＋和－－后置的格式如下。

```
变量++
变量--
```

自增（自减）运算符放在变量之后，变量先参与其他运算，然后再使变量的值加 1（或减 1）。

例如，设有定义 int a＝5，b，执行以下语句：

```
b = a--;                    //本句执行完 a = 4,b = 5
printf("%d",b++);          //本句执行完 b = 6,屏幕输出 5
```

第 1 句，因－－后置，所以先将 a 的值赋值给变量 b，b 的值为 5，再将 a 的值减 1，得到 a＝4。

第 2 句，因＋＋后置，所以先进行打印操作，屏幕输出 5，然后 b 的值加 1，得到 b＝6。

【例 2.11】 ＋＋和－－的用法与运算规则。

```
#include <stdio.h>
main()
{
    int a = 10,b = 5,j;
    j = ++a + --b;
    printf("a = %d,b = %d,j = %d\n",a,b,j);
    j = a-- + ++b;
    printf("a = %d,b = %d,j = %d\n",a,b,j);
    j = a++ - 5 == b--;
    printf("a = %d,b = %d,j = %d\n",a,b,j);
}
```

程序运行结果：

```
a = 11,b = 4,j = 15
a = 10,b = 5,j = 16
a = 11,b = 4,j = 1
```

2.3.6 条件运算符与条件表达式

条件运算符的形式是“？：”，它是 C 语言中唯一的三目运算符，具有右结合性。

由条件运算符构成的表达式称为条件表达式，一般格式如下。

```
<表达式 1>?<表达式 2>:<表达式 3>
```

条件表达式的运算规则是，首先计算表达式 1 的值，如果为非 0 值，则取表达式 2 的值作为整个表达式的计算结果；如果表达式 1 的值为 0，则取表达式 3 的值作为整个表达式的计算结果。

例如：

```
max = a > b?a:b;
```

当 a=10，b=5 时，由于表达式 a>b 关系成立，计算结果为 1，则取 a 的值作为条件表达式的计算结果，于是 max=10。

使用条件表达式的一个好处是可以使程序代码简洁紧凑，对于比较简单的选择结构程序，用条件表达式可以简化程序。

【例 2.12】 转换字母大小写。如果是小写，转换成大写之后输出；如果是大写，则原样输出。

```
#include <stdio.h>
main()
{
    char ch = 'a';
    ch = ch >= 'a'&&ch <= 'z'?ch - 32:ch;
    printf("ch = %c\n",ch);
}
```

程序运行结果：

```
ch = A
```

【例 2.13】 条件运算符的嵌套使用。输出 3 个数中最大的数。

```
#include <stdio.h>
main()
{
    int num1,num2,num3,max;
    num1 = 34;
    num2 = 78;
    num3 = 55;
    max = num1 > num2?(num1 > num3?num1:num3):(num2 > num3?num2:num3);
    printf("max = %d\n",max);
}
```

程序运行结果：

```
max = 78
```

▶ 2.3.7 逗号运算符与逗号表达式

逗号在C语言中既可以作为分隔符，又可以作为运算符。逗号运算符是双目运算符，具有左结合性，是优先级最低的运算符。多个表达式用逗号连接起来就是逗号表达式，一般格式如下。

```
<表达式 1>,<表达式 2>, …,<表达式 n>
```

在执行时，从左至右依次计算各个表达式的值，最后取最末表达式 *n* 的值作为整个逗号表达式的计算结果。

例如：

```
b = (a = 3 * 2,a + 1,a - 5)
```

这个逗号表达式首先计算表达式 1 的值 a＝3 * 2，得到 a＝6，然后计算表达式 2 的值 a＋1 为 7，这个数据并未得到存储，计算完毕即释放掉了，最后计算表达式 3 的值 a－5 为 1，这个值就是整个逗号表达式的计算结果，最终得到 b＝1。

【例 2.14】 逗号运算符的使用。

(1) 2＋3，5＋6，1＋3＋5；

(2) a＝2 * 3，a/4；

(3) a＝2 * 3，a＋5，a * 2；

(4) a＝(b＝6，3 * 5)。

计算以上表达式，结果依次是什么？

▶ 2.3.8 求字节运算符

求字节运算符使用的一般格式如下。

```
sizeof(类型/变量)
```

sizeof 运算符是单目运算符，它的功能是求某个类型或某个变量占用内存的字节数。

例如：

```
sizeof(double);           //得到结果 8,表示 double 类型会占用 8 字节内存
char a;sizeof(a);         //得到结果 1,表示字符型变量 a 占用 1 字节内存
```

2.3.9 位运算

位运算是指按二进制进行的运算。在系统软件中，常常需要处理二进制位的问题。C 语言提供了 6 个位操作运算符。这些运算符只能用于整型操作数，即只能用于带符号或无符号的 char、short、int 和 long 类型。位运算符的应用涉及很深入、很复杂的内容，在此只对位运算及其应用进行简单介绍。

1. 位运算符

C 语言的位运算符有以下 6 个。

&：按位与。

|：按位或。

^：按位异或。

～：按位取反。

＜＜：左移。

＞＞：右移。

一般把 &、|、^ 和～这 4 个运算符称为位逻辑运算符，＜＜和＞＞这两个运算符称为位移运算符。这 6 个位运算符中除了按位取反～为单目运算符、具有右结合性之外，其余均为双目运算符、具有左结合性。

2. 位运算的运算规则

(1) &：两个相对应的二进制位中只要有一个为 0，则该位的计算结果值为 0；两个二进制位都为 1，计算结果值为 1。

(2) |按位或：两个二进制位中只要有一个为 1，则该位的计算结果值为 1；两个二进制位都为 0，计算结果值为 0。

(3) ^按位异或：参加运算的两个二进制位的值相同则为 0，否则为 1。

(4) ～取反：～是单目运算符，用来对一个二进制数按位取反，即将 0 变 1，将 1 变 0。

(5) ＜＜左移：用来将一个数的各二进制位左移指定的位数，高位移出被舍弃，低位补 0。

(6) ＞＞右移：用来将一个数的各二进制位右移指定的位数，低位移出被舍弃，对于无符号数，高位补 0；对于有符号的负数，则取决于系统，逻辑右移高位补 0，算术右移则补 1。

例如，设有 int a=3，b=5，则

<table>
<tr><th>a&b=1</th><th>a|b=7</th><th>a^b=6</th><th>～b=250</th></tr>
<tr><td>00000011</td><td>00000011</td><td>00000011</td><td></td></tr>
<tr><td>& 00000101</td><td>| 00000101</td><td>^ 00000101</td><td>～ 00000101</td></tr>
<tr><td>00000001</td><td>00000111</td><td>00000110</td><td>11111010</td></tr>
</table>

对于位移运算符，设有定义 unsigned int n=10，则

n<<1 表示把 n 的二进制位左移一位，n 的二进制数据为 00001010 在左移 1 位之后是 00010100，所以 n<<1=20。

n>>1 表示把 n 的二进制位右移一位，n 的二进制数据 00001010 在右移 1 位之后是 00000101，所以 n>>1=5。

2.4 数据类型的转换

2.4.1 类型的自动转换

当同一个表达式中出现多种数据类型时，在计算时需要先将不同类型的数据转换成同一类型数据，然后才能进行计算，这种转换由编译系统自动完成，属于类型的自动转换。数据类型自动转换遵循的规则如图 2.2 所示。

例如，表达式'a'+5+2*3.25 是字符型、整型、双精度浮点型数据的混合运算，在计算时，首先要将字符型数据'a'转换为整型数据 97，再进行两个整型数据相加(97+5)得到 102；其次计算 2*3.25，需要将整型数据 2 转换为双精度浮点型数据 2.0，再计算 2.0*3.25 得到 6.5；最后计算 102+6.5，则将 102 转换为双精度浮点型数据 102.0，计算 102.0+6.5 得到最终结果 108.5。

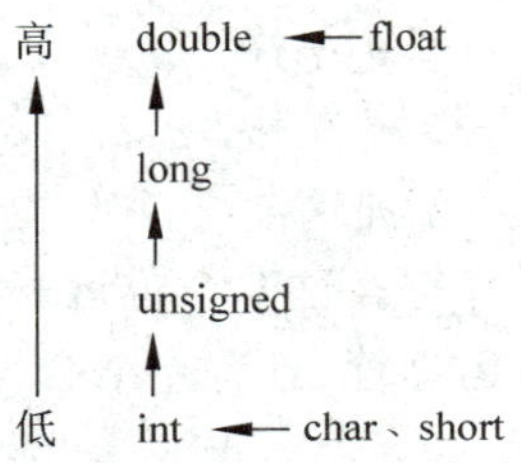

图 2.2　数据类型自动转换规则

2.4.2 强制类型转换——(type)运算符

(type)运算符是强制类型转换运算符，它的作用就是进行数据类型的强制转换。(type)运算符是单目运算符，具有右结合性。它的一般使用格式如下。

```
(type)表达式;
```

其中的 type 表示要转换成的数据类型名，表达式可以是任何一种类型的表达式。强制类型转换是将表达式的值转换成括号中指定的数据类型，它得到的是一个类型的中间量，并不改变原表达式的类型。例如：

```
int n;   double a,b;
(double)n;                    //将 n 的值强制转换成 double 型，但 n 仍是 int 型变量
(int)(a*b);                   //将 a*b 的结果强制转换成 int 型，a、b 仍是 double 型变量
(float)(5/2)                  //将 5/2 的结果强制转换成 float 型，结果为 2.0
(float)5/2                    //将 5 强制转换成 float 型，再与 2 相除，结果为 2.5
```

【例 2.15】 强制类型转换符的使用。

```
#include <stdio.h>
main()
{
    int num1 = 89,result;
    double num2 = 16;
    result = num1 % (int)num2;  //% 要求运算数必须是整型,num2 的值需要转换为整型
    printf("%d 除以 %.0lf 余数是: %d\n",num1,num2,result);
}
```

程序运行结果：

```
89 除以 16 余数是: 9
```

习题 2

选择题

1. 与十进制数 511 等值的十六进制数为(　　)。

A. 1FF　　B. 2FF　　C. 1FE　　D. 2FE

2. 以下符合 C 语言语法的实型常量是(　　)。

A. 1.2E0.5　　B. 3.14.159E　　C. .5E−3　　D. E15

3. 若以下选项中的变量已正确定义，则正确的赋值语句是(　　)。

A. x1=26.8%3;　　B. 1+2=x2;

C. x3=0x12;　　D. x4=1+2=3;

4. 英文小写字母 d 的 ASCII 码为 100，英文大写字母 D 的 ASCII 码为(　　)。

A. 50　　B. 66　　C. 52　　D. 68

5. 以下选项中合法的用户标识符是(　　)。

A. long　　B. _2Test　　C. 3Dmax　　D. A.dat

6. 以下选项中合法的字符常量是(　　)。

A. "B"　　B. '\010'　　C. 68　　D. D

7. 假定 x 和 y 为 double 型，则表达式 x=2,y=x+3/2 的值是(　　)。

A. 3.500000　　B. 3　　C. 2.000000　　D. 3.000000

8. 若有定义：int a=8,b=5,C;，执行语句 C=a/b+0.4;后，C 的值为(　　)。

A. 1.4　　B. 1　　C. 2.0　　D. 2

9. 设 a、b、c、d、m、n 均为 int 型变量，且 a=5、b=6、c=7、d=8、m=2、n=2，则逻辑表达式(m=a>b)&&(n=c>d)运算后，n 的值为(　　)。

A. 0　　B. 1　　C. 2　　D. 3

10. 下列关于单目运算符++、--的叙述中正确的是(　　)。

A. 它们的运算对象可以是任何变量和常量

B. 它们的运算对象可以是 char 型变量和 int 型变量,但不能是 float 型变量

C. 它们的运算对象可以是 int 型变量,但不能是 double 型变量和 float 型变量

D. 它们的运算对象可以是 char 型变量、int 型变量和 float 型变量

11. 设有如下定义:

```
int a = 0;
double b = 1.25;
char c = 'A';
#define d 2
```

则下面语句中错误的是(　　)。

A. a++;　　B. b++;　　C. c++;　　D. d++;

12. 设有如下程序段:

```
int x = 2002, y = 2003;
printf("%d\n",(x,y));
```

则以下叙述中正确的是(　　)。

A. 输出语句中格式说明符的个数少于输出项的个数,不能正确输出

B. 运行时产生出错信息

C. 输出值为 2002

D. 输出值为 2003

13. 设变量 x 为 float 型且已赋值,则以下语句中能将 x 中的数值保留到小数点后两位,并将第 3 位四舍五入的是(　　)。

A. x=x*100+0.5/100.0;　　B. x=(x*100+0.5)/100.0;

C. x=(int)(x*100+0.5)/100.0;　　D. x=(x/100+0.5)*100.0;

14. 设有以下定义:

```
int  a; long  b; double  x,y;
```

则以下正确的表达式是(　　)。

A. a%(int)(x-y)　　B. a=x=!y;

C. (a*y)%b　　D. y=x+y=x

15. 若有表达式(w)? (--x):(++y),则其中与 w 等价的表达式是(　　)。

A. w==1　　B. w==0　　C. w!=1　　D. w!=0

第 3 章

顺序结构程序设计

学习目标

1. 了解 3 种结构化程序设计的基本概念。
2. 掌握 C 语言数据输入/输出函数的使用。
3. 掌握顺序结构程序设计方法。

3.1 结构化程序设计

C语言是结构化程序设计语言。结构化程序设计方法可以概括为自顶向下、逐步求精、模块化、限制使用goto语句，将原来较为复杂的问题化简为一系列简单模块的设计。结构化程序设计可以用3种基本结构来描述，即顺序结构、选择结构和循环结构。

1. 顺序结构

顺序结构是C语言程序中最简单、最基本、最常用的一种程序结构，也是进行复杂程序设计的基础。顺序结构程序的执行完全按照语句出现的先后次序进行。顺序结构程序的基本框架主要包括数据输入、数据处理、结果输出三部分。用流程图表示顺序结构如图3.1所示，先执行A模块，再执行B模块，两者按出现的先后次序执行。

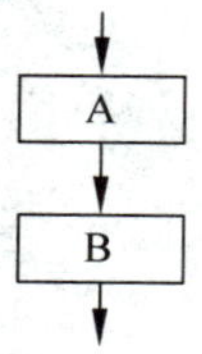

图3.1 顺序结构

2. 选择结构

当程序要实现相对复杂的功能，体现出一点"智能"时，顺序结构就无能为力了，就要用到选择结构。选择结构的功能是，对给定的条件进行判断，从两条或多条语句中选择一条来执行。选择结构有单分支选择结构、双分支选择结构和多分支选择结构3种形式。

(1) 单分支选择结构：当给定条件为真时，执行指定操作，否则结束，如图3.2(a)所示。

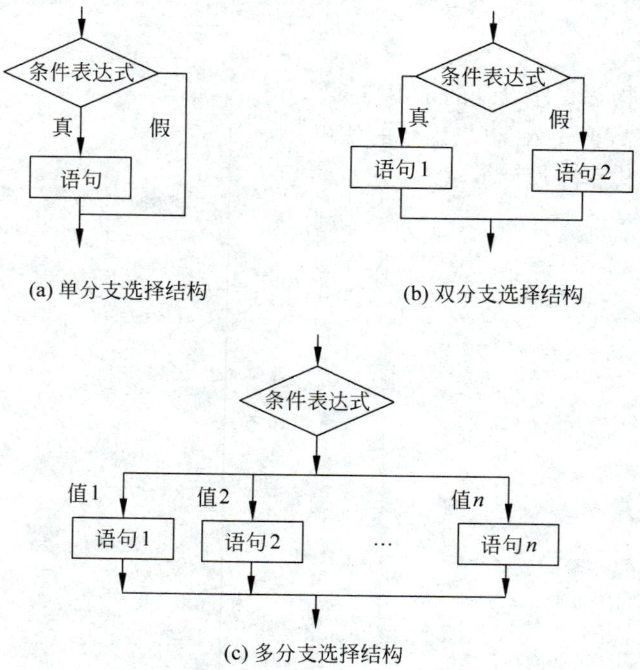

图3.2 选择结构

(2) 双分支选择结构：当给定条件为真时，执行指定操作 1，否则执行指定操作 2，如图 3.2(b)所示。

(3) 多分支选择结构：根据条件表达式计算的不同结果选择相对应的操作，如图 3.2(c)所示。

3. 循环结构

循环结构是当满足某种条件时，一条或多条语句被反复执行若干次，直至循环条件不满足为止。这是利用计算机的高速度，代替人工高效地进行某些可以机械重复的操作。循环结构分为当型循环和直到型循环两种，如图 3.3(a)和图 3.3(b)所示。

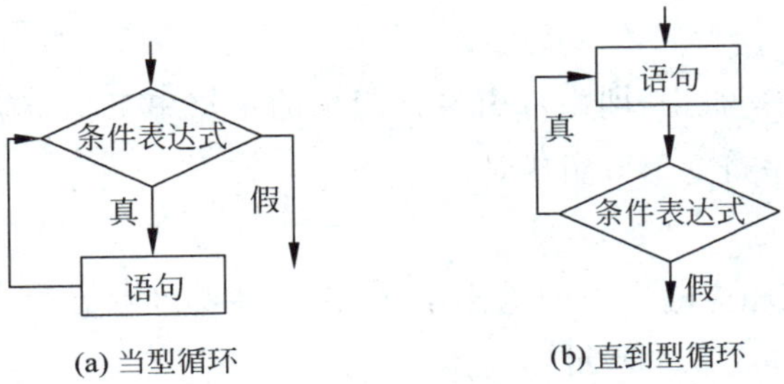

图 3.3 循环结构

3.2 格式化输入与输出

C 语言本身不提供输入/输出语句，输入和输出操作是由库函数来实现的。C 语言的标准函数库中提供了许多用于输入/输出操作的函数，使用这些函数时要将相应的头文件包含进来。使用格式化输入/输出函数，要包含标准输入/输出头文件 stdio.h，编译预处理命令如下。

```
#include <stdio.h>
```

stdio 是标准输入和输出 standard input & output 的缩写，它包含了与标准 I/O 库有关的变量定义、宏定义以及对函数的声明。

3.2.1 格式化输出函数 printf()

输出是指程序向外部送出信息。输出的信息可以通过显示器展示，也可以通过其他外部设备来展示。程序的输出非常重要，没有输出就看不到程序运行的效果，也就无法做到人机交互。

格式化输出函数 printf()的功能是向计算机标准输出设备以指定的格式输出一个或多个数据。格式化输出函数 printf()的一般使用格式如下。

```
printf("格式控制",参数列表);
```

例如：

```
printf("a = %d,b = %lf\n",a,b);
```

格式化输出函数 printf()有两部分参数，一是格式控制；二是参数列表。下面详细说明这两部分参数的含义和使用方法。

1. 格式控制

格式控制通过控制字符串，即由双引号括起来的字符串来指定输出的样式。它由格式说明、转义字符和普通字符 3 部分组成。

1) 格式说明

格式说明用于规定相应输出项的输出格式，由%开头的格式字符组成。C 语言提供的 printf()常用格式字符如表 3.1 所示。

表 3.1　printf()常用格式字符

格式字符	说　　明	举　　例	输出结果
%d、%i	输出十进制整数	int n=−5; printf("%d",n);	−5
%u	输出无符号十进制整数	unsigned n=10; printf("%u",n);	10
%o	输出八进制整数	int n=78; printf("%o",n);	116
%x、%X	输出十六进制整数	int n=78; printf("%x",n);	4E
%f	输出单精度、双精度浮点数	float n=3.14; printf("%f",n);	3.140000
%e、%E	输出科学记数法表示的浮点数	float n=0.0035; printf("%e",n);	3.500000e−003
%g、%G	自动选取 e 格式或 f 格式中宽度较小的一种且不输出无意义的 0	float n=0.0035; printf("%g",n);	0.0035
%c	输出单个字符	char ch='F'; printf("%c",ch);	F
%s	输出字符串	char s[]="abcde"; printf("%s",s);	abcde

上述格式说明，在%和格式字符之间可以插入几种附加字符(又称修饰符)，用于满足用户的高级需求。常用的 printf()附加字符如表 3.2 所示。

表 3.2 常用的 printf()附加字符

附加字符	说 明
l	用于整型指 long 类型，如%ld、%lo、%lx、%lu；用于浮点型指 double 类型如%lf
m	控制数据输出的最小宽度，当数据实际宽度大于 *m* 时，按实际宽度输出；当数据实际宽度小于 *m* 时，输出数据前面补空格
.*n*	用于浮点数，表示四舍五入输出 *n* 位小数；用于字符串，表示从左截取的字符个数
0	在数据前多余空格处补 0
+	输出的数字前带有正负号
−	输出的数据在域内左对齐
#	用于格式字符 o 或 x 前，表示输出八进制数或十六进制数时带前缀 0 或 0x

2) 转义字符

转义字符可以控制设备动作，如在第 2 章表 2.1 中介绍的\n、\t 等，应用到 printf()函数中，可以控制输出到显示器上信息的格式。

例如：

```
printf("m = %d\nch = %c\n",23, 'R');
```

格式控制字符串中的\n，在输出时产生一个换行，屏幕第 1 行显示 m 的值，第 2 行显示 ch 的值，输出效果清晰、可读性好。本条语句输出结果如下。

```
m = 23
ch = R
```

3) 普通字符

在双引号之内的内容，除格式说明和转义字符之外的其他所有字符均被视为普通字符，普通字符在输出时原样显示。

例如：

```
printf("max = %d,min = %d\n",99,3);
```

其中，max、min、=和,都是普通字符，输出时会原样显示。本条语句输出结果如下：

```
max = 99, min = 3
```

2. 参数列表

参数列表是需要输出的数据项，数据项可以是变量、常量或它们组成的表达式，多个表达式之间用逗号分开。此处的逗号不是逗号运算符，只是各输出数据项的分隔符。

【例 3.1】 printf()应用实例。

```
#include <stdio.h>
main()
{
    int a = 22;
    long b = 50;
    unsigned c = 80;
    float d = 3.525;
    double e = 6.987;
    char ch = 'R';
    //以十进制形式按实际宽度输出整型变量 a、b、c 的值
    printf("%d,%ld,%u\n",a,b,c);
    //按默认格式输出浮点型变量 d、e 的值,输出 6 位小数
    printf("%f,%lf\n",d,e);
    //按默认格式输出字符型变量 ch 的值
    printf("%c\n",ch);
    //以十进制形式按 10 位列宽输出整型变量 a、b、c 的值.a、b 域内右对齐,c 左对齐
    printf("%10d,%10ld,%-10u\n",a,b,c);
    //按 10 位列宽输出浮点型变量 d、e 的值.d 取 1 位小数左对齐,e 取 2 位小数右对齐
    printf("%10.1f,%-10.2lf\n",d,e);
    //按 10 位列宽输出字符型变量 ch 的值,前面补 0
    printf("%010c\n",ch);
    //以八进制形式输出整型变量 a、b、c 的值
    printf("%o,%lo,%o\n",a,b,c);
    //以十六进制、加前缀 0x 形式输出整型变量 a、b、c 的值
    printf("%#x,%#lx,%#x\n",a,b,c);
}
```

程序运行结果:

```
22,50,80
3.525000,6.987000
R
        22,        50,80
3.5       ,      6.99
000000000R
26,62,120
0x16,0x32,0x50
```

3.2.2 格式化输入函数 scanf()

格式化输入函数 scanf()用于接收从标准输入设备输入程序中的数据,以便程序与用户之间可以进行交互。scanf()函数的一般格式如下。

```
scanf("格式控制",地址列表);
```

例如：

```
scanf("%d%lf",&a,&b);
```

格式化输入函数 scanf()与格式化输出函数 printf()相类似，也有两部分参数——格式控制和地址列表。这两部分参数的含义及使用方法如下。

1. 格式控制

scanf()与 printf()的格式控制相同，但 scanf()函数不能显示非格式控制字符串，也就是不能将格式控制字符串中的普通字符作为提示字符串显示出来。例如：

```
scanf("请输入两个数：%d%d",&num1,&num2);
```

屏幕上不会显示出“请输入两个数：”这样的提示语。

scanf()函数使用的格式说明也与 printf()函数的格式说明类似，以%开头的格式字符表示，中间可以插入说明字符。需要注意的是，格式控制字符串中出现的普通字符在输入数据时需要原样输入。例如：

```
scanf("%d,%d",&num1,&num2);
```

两个格式字符%d 之间有逗号“,”，在键盘输入数据时，两个数据之间也需要有逗号，正确的输入方式是：

```
56,77↙
```

scanf()函数中可以使用的格式字符如表 3.3 所示。

表 3.3 常用的 scanf()格式字符

格式字符	说　明
%d、%i	输入十进制整数
%u	输入无符号十进制整数
%o	输入八进制整数
%x、%X	输入十六进制整数
%f %e、%E %g、%G	输入浮点数。小数形式、指数形式均可
%c	输入单个字符
%s	输入字符串

scanf()函数使用的附加说明符如表 3.4 所示。

表 3.4 scanf()附加格式说明符

附加说明符	含 义
l 或 L	用于格式字符 d、o、x、u 表示输入长整型数据；用于 f 或 e 表示输入 double 型数据
m	指定输入数据所占宽度，仅用于正整数
*	表示该输入项读入后不存入相应的变量

2. 地址列表

地址列表是若干用于接收输入数据的变量地址，这个地址就是编译系统在内存中给变量分配的地址，各个地址之间用逗号分开，变量地址由地址运算符 & 和变量组成，如 &a、&b 等。地址列表要与格式控制字符串中的格式说明一一对应，包括类型对应和个数对应。例如：

```
int a; long b; float c; double d; char ch1,ch2;
scanf("%d%ld%f%lf",a,b,c,d);
/*非法语句，地址列表的变量 a、b、c、d 之前缺少地址运算符 & */
scanf("%5.2lf",&d);
/*非法语句，不能为输入的浮点型数据指定精度 */
scanf("%d%ld%f%lf",&a,&b,&c,&d);
/*合法语句，接收 4 个数据(整型、长整型、单精度浮点型、双精度浮点型)，依次存入变量 a、b、c、d */
scanf("%o%x",&a,&b);
/*合法语句，以八进制和十六进制格式输入两个数据分别存入 a 和 b */
scanf("%d,%ld",&a,&b);
/*合法语句，要注意从键盘输入的数据必须用“,”分隔，因为两个格式字符之间有“,” */
scanf("%f#%lf",&c,&d);
/*合法语句，要注意从键盘输入的数据必须用#分隔，因为两个格式字符之间有# */
scanf("%c%c",&ch1,&ch2);
/*合法语句，接收两个字符分别存入变量 ch1 和 ch2。要注意从键盘输入的空白符及转义字符都会
  被作为有效字符接收并存入变量，例如从键盘输入 F␣B(␣表示空格)，则 F 存入 ch1，␣存入 ch2，B
  被抛弃。再如，若从键盘输入 F 按 Enter 键之后再输入 B，则 F 存入 ch1，“回车”存入 ch2，没有机
  会输入 B；只有键盘输入为 FB 时，才能将 F 存入 ch1，B 存入 ch2 */
scanf("%3d",&a);
/*合法语句，读取最多 3 列宽的整数存入变量 a，超过 3 列宽的数据被抛弃. 例如，输入 12345，123
  存入变量 a，45 被抛弃 */
scanf("%f%*c%lf",&c,&d);
/*合法语句，% 和 c 之间有 *，表示输入的字符会被忽略. 例如，输入 3.3&7.5，3.3 存入变量 c，7.5
  存入变量 d，字符 & 被忽略 */
```

3.3 字符数据的输入与输出函数

getchar()和 putchar()是一对简单的字符输入/输出函数，它们每次只输入或输出一个字符，它们被定义在 stdio.h 中，使用它们要在程序前面加上 #include <stdio.h>。

3.3.1 putchar()函数

putchar()的使用格式如下。

```
putchar(ch);
```

功能：向输出设备输出一个字符。其中的 ch 可以是字符型或整型的常量、变量及表达式。如果 ch 是字符型，则输出这个字符；如果为整型，则输出这个整数所表示的 ASCII 码所代表的字符。

【例 3.2】 putchar()应用实例。

```
#include <stdio.h>
main()
{
    char ch = 'A';
    int n = 97;
    putchar('R');             //输出字符 R
    putchar(98);              //输出 ASCII 码为 98 的字符
    putchar('');              //输出一个空格
    putchar(ch);              //输出变量 ch 存储的字符 A
    putchar(n);               //输出 ASCII 码为变量 n 中存储的数字 97 的字符
    putchar('\n');            //输出换行符
    putchar(ch + 2);          //输出 ch + 2 之后的字符 C
    putchar('a' + 4);         //输出'a' + 4 之后的字符 e
}
```

程序运行结果：

```
Rb Aa
Ce
```

3.3.2 getchar()函数

getchar()的使用格式如下。

```
getchar();
```

功能：接收输入设备上输入的一个字符，并把这个字符作为函数的返回值。

【例 3.3】 getchar()应用实例。

```
#include <stdio.h>
main()
```

```
{
    char ch1,ch2;
    ch1 = getchar();                //接收键盘输入的一个字符存入变量 ch1
    ch2 = getchar();                //接收键盘输入的一个字符存入变量 ch2
    putchar(ch1);
    putchar('');
    putchar(ch2);
}
```

程序运行时,从键盘输入“Et”,运行结果如下:

```
E t
```

3.4 顺序结构程序设计案例

顺序结构程序的流程是顺序执行程序语句,功能简单。本节以几个简单案例介绍顺序结构程序设计的一般方法。

【例 3.4】 编程,求 56 与 89 的和。

```
#include <stdio.h>
main()
{
    int num1,num2,sum;
    num1 = 56;
    num2 = 89;
    sum = num1 + num2;
    printf("%d与%d的和是: %d\n",num1,num2,sum);
}
```

程序分析:

本程序对已知的两个数据 56 和 89 求和,定义了 3 个整型变量,存储程序中涉及的 3 个数据(两个加数、一个和),最后输出求和结果。由于待求和的两个数是已知的,程序还可以减少变量的数量,以节约内存,使程序实现同样的功能但更加简洁。

程序第 2 个版本:

```
#include <stdio.h>
main()
{
    int sum;
    sum = 56 + 89;
    printf("%d与%d的和是: %d\n",56,89,sum);
}
```

程序分析：

本程序省去了存储 56 和 89 两个加数的变量，只用了存储结果的一个变量，直接使用两个常量进行求和操作。由于 printf()函数的参数列表部分可以支持常量、变量及表达式，所以此程序还可以进一步简化。

程序第 3 个版本：

```
#include <stdio.h>
main()
{
    printf("%d与%d的和是: %d\n",56,89,56+89);
}
```

程序分析：

本程序没有使用变量，同样实现题目要求，且使用资源最少。

程序运行结果：

```
56 与 89 的和是: 145
```

【例 3.5】 编程，从键盘输入圆的半径，求圆的面积。

```
#include <stdio.h>
main()
{
    float r,s;
    printf("请输入圆的半径: \n");
    scanf("%f",&r);
    s=3.14*r*r;
    printf("半径是%.1f的圆的面积是: %.2f\n",r,s);
}
```

程序分析：

程序可以求任意圆的面积，半径是不确定的，让程序在运行时由用户从键盘输入半径。考虑到圆面积计算公式中有 3.14 的常数，圆面积为浮点型数据，因此，r 和 s 采用浮点型变量。

程序运行结果：

```
请输入圆的半径:
12
半径是 12.0 的圆的面积是: 452.16
```

【例 3.6】 从键盘输入小写字母,将它转换为大写字母之后输出。

```
#include <stdio.h>
main()
{
    char ch1,ch2;
    printf("请输入一个小写字母:\n");
    scanf("%c",&ch1);
    ch2 = ch1 - 32;
    printf("%c对应的大写字母是%c\n",ch1,ch2);
}
```

程序分析:

大写字母的ASCII码为65~90,小写字母的ASCII码为97~122,相差32,利用ASCII码计算可以转换字母的大小写。

程序运行结果:

```
请输入一个小写字母:
m
m对应的大写字母是M
```

习题 3

一、选择题

1. 结构化程序设计所规定的3种基本控制结构是(　　)。

A. 输入、处理、输出　　B. 树形、网形、环形

C. 顺序、选择、循环　　D. 主程序、子程序、函数

2. 以下程序段的输出结果是(　　)。

```
int a = 1234;
printf("%2d\n",a);
```

A. 12　　B. 34　　C. 1234　　D. 21234

3. 已知i、j、k为int型变量,若从键盘输入:1,2,3↙,使i的值为1、j的值为2、k的值为3,则正确的输入语句是(　　)。

A. scanf("%2d%2d%2d",&i,&j,&k);

B. scanf("%d %d %d",&i,&j,&k);

C. scanf("%d,%d,%d",&i,&j,&k);

D. scanf("i=%d,j=%d,k=%d",&i,&j,&k);

4. 设有定义：long x=－123456L;，则能够正确输出变量 x 值的语句是(　　)。

A. printf("x=%d\n",x);　　B. printf("x=%ld\n",x);

C. printf("x=%8dL\n",x);　　D. printf("x=%LD\n",x);

5. x、y、z 被定义为 int 型变量，若通过键盘为 x、y、z 赋值，则正确的输入语句是(　　)。

A. INPUT x、y、z;　　B. scanf("%d%d%d",&x,&y,&z);

C. scanf("%d%d%d",x,y,z);　　D. read("%d%d%d",&x,&y,&z);

6. 有定义语句：int x, y;，若要通过 scanf("%d,%d",&x,&y);语句使变量 x 得到数值 11，变量 y 得到数值 12，下面 4 组输入形式中，错误的是(　　)。

A. 11 12↙　　B. 11, 12↙

C. 11↙ 12↙　　D. 11,↙ 12↙

7. 下列程序段的输出结果是(　　)。

```
int a = 3;
printf("%d\n",a + (a -= a * a) );
```

A. －6　　B. 12　　C. 0　　D. －12

8. 下列程序段的输出结果是(　　)。

```
int k = 2, i = 2, m;
m = (k += i * = k);printf("%d, %d\n",m,i);
```

A. 8,6　　B. 8,3　　C. 6,4　　D. 7,4

9. 以下程序段(n 是八进制数)的输出结果是(　　)。

```
int m = 32767, n = 032767
printf("%d, %o\n",m,n);
```

A. 32767,32767　　B. 32767,032767　　C. 32767,77777　　D. 32767,077777

10. 以下程序段的输出结果是(　　)。

```
int m = 0xabc, n = 0xabc;
m -= n;
printf("%X\n",m);
```

A. 0X0　　B. 0x0　　C. 0　　D. 0XABC

11. 对以下程序段，若从键盘上输入：10A10↙，则输出结果是(　　)。

```
int m = 0, n = 0; char c = 'a';
scanf("%d%c%d",&m,&c,&n);
printf("%d, %c, %d\n",m,c,n);
```

A. 10,A,10　　B. 10,a,10　　C. 10,a,0　　D. 10,A,0

12. 以下程序段的输出结果是(　　)。

```
int a; char c = 10;
float f = 100.0; double x;
a = f/ = c * = (x = 6.5);
printf(" %d %d %3.1f %3.1f\n",a,c,f,x);
```

A. 1 65 1 6.5　　B. 1 65 1.5 6.5　　C. 1 65 1.0 6.5　　D. 2 65 1.5 6.5

13. 设有如下程序段:

```
int x = 2002, y = 2003;
printf(" %d\n",(x,y));
```

则以下叙述中正确的是(　　)。

A. 输出语句中格式说明符的个数少于输出项的个数,不能正确输出

B. 运行时产生出错信息

C. 输出值为 2002

D. 输出值为 2003

14. 以下程序段的输出结果是(　　)。

```
int x = 102,y = 012;
printf(" %2d, %2d\n",x,y);
```

A. 10,01　　B. 02,12　　C. 102,10　　D. 02,10

15. 以下程序段的输出结果是(　　)。

```
int a = 666,b = 888;
printf(" %d\n",a,b);
```

A. 错误信息　　B. 666　　C. 888　　D. 666,888

16. 以下程序段的功能是,给 r 输入数据后计算半径为 r 的圆面积 s。程序在编译时出错。出错的原因是(　　)。

```
int r; float s;
scanf(" %d",&r);
s = pi * r * r; printf("s = %f\n",s);
```

A. 注释语句书写位置错误

B. 存放圆半径的变量 r 不应该定义为整型

C. 输出语句中格式描述符非法

D. 计算圆面积的赋值语句中使用了非法变量

二、编程题

1. 请打印出☺♥♣■☼等符号。它们的ASCII码分别是1、3、5、14、15，把这些ASCII码转换成八进制之后用转义字符的方式即可打印出来。比如要打印心形，使用printf("\003");语句。

2. 编程，求25与45的乘积。

3. 任意输入两个数，计算它们的和以及平均值，并输出计算结果。

4. 任意输入一个大写字母，将它转换为小写字母并输出。

第 4 章

选择结构程序设计

学习目标

1. 掌握关系运算符及逻辑运算符的使用。
2. 掌握条件运算符的使用。
3. 掌握 if 语句、嵌套 if 语句的使用。
4. 掌握 switch 语句的使用。
5. 掌握选择结构程序设计方法。

顺序结构程序只能处理一些简单的问题,因为它仅仅运用到计算机的算术运算能力,还没有充分发挥计算机的逻辑运算功能。充分发挥计算机的算术运算和逻辑运算能力,利用C语言的控制语句,能解决许多复杂问题。本章讨论选择结构——if语句和switch语句。

4.1 if语句

C语言中的if语句用于实现条件判断,它根据一个表达式判断的结果(真或假),选择要进行的操作,有条件地执行一些程序段,体现依据不同情况做出不同反应的智能效果,使程序变得“聪明”。

4.1.1 if语句的两种格式

1. 单分支选择结构

单分支选择结构是最简单的if语句,只有一个分支,格式如下。

```
if(表达式)
{ 语句; }
```

单分支if语句的执行过程是,先计算表达式的值,如果表达式的值为真(非0),就执行if下面的语句;否则直接执行if语句后面的其他语句。其执行流程如图4.1所示。

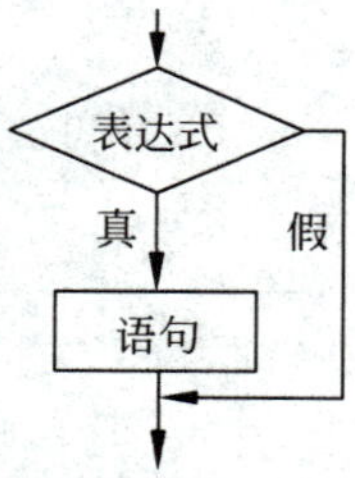

图4.1 单分支选择结构

【例4.1】 从键盘输入两个数,按从小到大的顺序输出这两个数。

```
#include<stdio.h>
main()
{
    int num1,num2,tmp;
    printf("请任意输入两个数:\n");
    scanf("%d%d",&num1,&num2);
    if(num1>num2)
    {
        tmp = num1;
        num1 = num2;
        num2 = tmp;
    }
    printf("两个数从小到大是: %d %d\n",num1,num2);
}
```

程序运行结果：

```
请任意输入两个数:
73  22
两个数从小到大是:22  73
```

程序解读：

要把两个数按从小到大的顺序输出，只有一条打印语句，先输出 num1，后输出 num2。为确保输出的数据是从小到大的顺序，输出之前，检查一下 num1 是否大于 num2。如果是，则交换 num1 和 num2，从而使 num1 的值小于 num2；否则直接输出 num1 和 num2。

【例 4.2】 从键盘输入一个数，输出它的绝对值。

```
#include <stdio.h>
main()
{
    int num1;
    printf("请任意输入一个数: \n");
    scanf("%d",&num1);
    if(num1 < 0)
    {
        num1 = - num1;
    }
    printf("该数的绝对值是: %d\n",num1);
}
```

程序运行结果：

```
请任意输入一个数:
-5
该数的绝对值是: 5
```

程序解读：

求一个数的绝对值，只须对负数进行取负运算即可。输出数据之前，检查 num1 是否小于 0，如果小于 0，对 num1 取负之后输出；否则直接输出。

2. 双分支选择结构

双分支选择结构是 if 语句的标准形式，其语法格式如下。

```
if(表达式)
{ 语句 1; }
else
{ 语句 2; }
```

双分支 if 语句的执行过程是，先计算表达式的值，如果表达式的值为真（非 0），就执行 if 下面的语句 1；否则执行 else 后面的语句 2。其执行流程如图 4.2 所示。

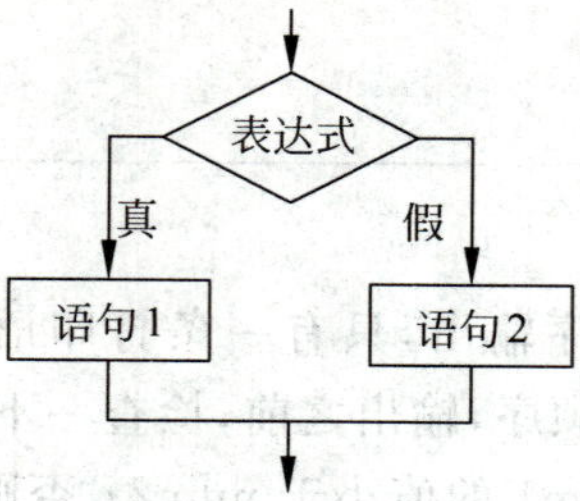

图 4.2　双分支选择结构

【例 4.3】 输入一个数，判断它的奇偶性。

```
#include <stdio.h>
main()
{
    int num;
    printf("\n请任意输入一个数：\n");
    scanf("%d",&num);
    if(num%2==0)
    {
        printf("%d是偶数",num);
    }
    else
    {
        printf("%d是奇数",num);
    }
}
```

程序运行结果 1：

```
请任意输入一个数：
9
9是奇数
```

程序运行结果 2：

```
请任意输入一个数：
56
56是偶数
```

【例 4.4】 输入学生成绩，判断该成绩是否合格（60 分以上为合格，60 分以下为不合格）。

```
#include <stdio.h>
main()
```

```
{
    int score;
    printf("\n 请输入学生成绩: \n");
    scanf(" % d",&score);
    if(score>= 60)
    {
        printf("成绩合格\n");
    }
    else
    {
        printf("成绩不合格\n");
    }
}
```

程序运行结果 1:

```
请输入学生成绩:
82
成绩合格
```

程序运行结果 2:

```
请输入学生成绩:
59
成绩不合格
```

【例 4.5】 让用户判断“double 类型的数据在内存中占用 4 字节的存储空间(y/n)”这个说法,用户回答正确,输出 good;用户回答错误,输出 sorry。

```
#include <stdio.h>
main()
{
    char ch;
    printf("double 类型的数据在内存中占用 4 字节的存储空间(y/n)\n");
    printf("请回答: ");
    scanf(" % c",&ch);
    if(ch== 'y'||ch== 'Y')
    {
        printf("sorry\n");
    }
    else
    {
        printf("good\n");
    }
}
```

程序运行结果 1：

```
double类型的数据在内存中占用4字节的存储空间<y/n>
请回答: y
sorry
```

程序运行结果 2：

```
double类型的数据在内存中占用4字节的存储空间<y/n>
请回答: n
good
```

例 4.5 的程序存在缺陷，如果用户在回答问题时不小心按错了键或漫不经心地随意输入一个信息，程序的响应就有问题。这是因为双分支的 if 语句只能解决现实中只存在两种情况的逻辑问题，而上述情境存在 3 种可能的情况，即用户回答“y”、回答“n”或随意按键。当问题存在 3 种或 3 种以上的情况时，就需要使用 if 语句的嵌套来解决了。

4.1.2 if 语句的嵌套使用

一个 if 语句的分支当中又包含一条或多条 if 语句，就称为 if 语句的嵌套。当流程进入某个选择分支后又需要新的判断和选择时，就要用到嵌套的 if 语句。if 语句的嵌套的一般形式如下。

```
if(表达式 1)
{
    if(表达式 2)
    { 语句 1; }
    else
    { 语句 2; }
}
else
{
    if(表达式 3)
    { 语句 3; }
    else
    { 语句 4; }
}
```

嵌套 if 语句的执行过程是，先计算表达式 1 的值，如果表达式 1 的值为真(非 0)，再计算表达式 2 的值，表达式 2 的值为真(非 0)，则执行语句 1，否则执行语句 2；当表达式 1 的值为假(0)，就计算表达式 3 的值，表达式 3 的值为真(非 0)，则执行语句 3，否则执行语句 4。if 语句的嵌套的执行流程如图 4.3 所示。

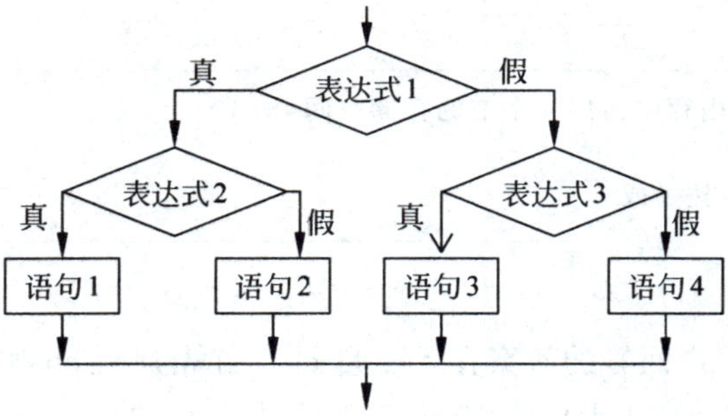

图 4.3 if 语句的嵌套

嵌套 if 语句使用非常灵活，上述嵌套的 if 语句只是众多 if 嵌套形式中的一种，实际使用时要根据具体问题具体分析。只要 if 或 else 的分支中存在多种情况需要做进一步判断，就要嵌入 if 语句；如果 if 或 else 的分支里只有一种确定的情况，就不必再嵌入 if 语句了。

注意：使用 if 语句时，可以只有 if 而没有 else；但只要有 else，前面就必须有与之配对的 if，否则就是语法错误。在多重嵌套的 if 语句里，if 与 else 的配对原则是，else 总是和它上面最近的没有与其他 else 相配的 if 构成配对关系。

【例 4.6】 完善例 4.5。让用户判断“double 类型的数据在内存中占用 4 字节的存储空间(y/n)”这个说法，用户回答正确，输出 good；用户回答错误，输出 sorry。

```
#include <stdio.h>
main()
{
    char ch;
    printf("double 类型的数据在内存中占用 4 字节的存储空间(y/n)\n");
    printf("请回答: ");
    scanf("%c",&ch);
    if(ch=='y'||ch=='Y')
    {
        printf("sorry\n");
    }
    else if(ch=='n'||ch=='N')
    {
        printf("good\n");
    }
    else
    {
        printf("输入错误,回答问题请按 y 或 n\n");
    }
}
```

程序运行结果：

```
double类型的数据在内存中占用4字节的存储空间<y/n>
请回答：j
输入错误,回答问题请按 y 或 n
```

程序解读：

程序运行时，接收用户回答的答案存入变量 ch。首先判断 ch 的值是否为 y，如果是，则用户回答错误，打印 sorry；如果不是，则继续判断 ch 的值是否为 n；如果是，则用户回答正确，打印 good；如果不是，则用户不是按要求回答问题，打印相应的提示信息。

【例 4.7】 从键盘输入 3 个数，找出这 3 个数中最大的数并输出。

```
#include <stdio.h>
main()
{
    float num1,num2,num3,max;
    printf("请输入 3 个数\n");
    scanf("%f%f%f",&num1,&num2,&num3);
    if(num1>num2)
    {
        if(num1>num3)
        {   max=num1;   }
        else
        {   max=num3;   }
    }
    else
    {
        if(num2>num3)
        {   max=num2;   }
        else
        {   max=num3;   }
    }
    printf("max=%.2f\n",max);
}
```

程序运行结果：

```
请输入3个数
4  78  9
max=78.00
```

【例 4.8】 编程，实现下面符号函数的功能。

$$y=\begin{cases}1 & x>0\\0 & x=0\\-1 & x<0\end{cases}$$

```
#include <stdio.h>
main()
{
    int x,y;
    printf("请输入 x 的值: ");
    scanf("%d",&x);
    if(x>0)
        y=1;
    else if(x==0)
        y=0;
    else
        y=-1;
    printf("当 x=%d时,y=%d\n",x,y);
}
```

程序运行结果：

```
请输入 x 的值: 90
当 x=90 时, y=1
```

4.2 switch 语句

switch 语句又叫多分支选择语句或开关语句。在 C 语言中专门用于处理多分支选择问题。用 switch 语句编写的多分支选择程序，程序流程有多个分支，switch 就像电路里的单刀多掷开关，单刀多掷开关连接不同触点使不同的回路工作，switch 选择不同的分支来运行不同的程序块。switch 语句格式如下。

```
switch(表达式)
{
    case 常量 1:语句 1;break;
    case 常量 2:语句 2;break;
    ⋮
    case 常量 n:语句 n;break;
    default:语句 n+1;
}
```

switch 语句的执行流程是，先计算表达式的值，判断此值与 switch 下面大括号中哪个 case 后面的常量相同，就选择该 case 后面的语句执行，遇到 break 之后跳出 switch，如果没有遇到 break，则无条件执行下一个 case 后面的语句，直到遇到 break 或把大括号中的语句执行完为止；如果表达式的值与下面所有 case 后面的常量都不相同，就检查是否存在 default 语句，如果有就执行 default 后面的语句，否则就结束 switch 语句。

switch 语句的执行流程如图 4.4 所示。

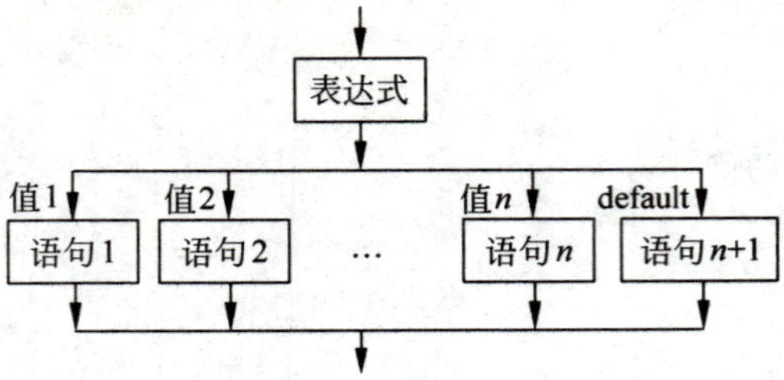

图 4.4　switch 流程图

使用 switch 语句，有几点需要注意。

(1) switch 后面的小括号里的表达式的值只能是整型或字符型。

(2) case 后面的常量必须各不相同，且常量值的类型必须与 switch 后面表达式值的类型相同。

(3) case 后面如果有多条语句可以不加大括号。

(4) default 可以放在任意位置，当它放在前面时，一般需要加上 break 语句。

(5) default 语句可以省略。

【例 4.9】 输入 1～7 的任意一个数字，输出对应的星期。例如，输入 2，输出"星期二"。

```
#include<stdio.h>
main()
{
    int n;
    printf("请输入 1~7 的一个数字: ");
    scanf("%d",&n);
    switch(n)
    {
        case 1:printf("星期一\n");break;
        case 2:printf("星期二\n");break;
        case 3:printf("星期三\n");break;
        case 4:printf("星期四\n");break;
        case 5:printf("星期五\n");break;
        case 6:printf("星期六\n");break;
        case 7:printf("星期天\n");break;
        default:printf("输入错误,请输入 1~7 的数字.\n");
    }
}
```

程序运行结果：

```
请输入 1~7 的一个数字: 5
星期五
```

【例 4.10】 编程，完成加、减、乘、除四则运算。

```
#include <stdio.h>
main()
{
    double num1,num2,result;
    char op;
    printf("请输入要计算的数学表达式：\n");
    scanf("%lf%c%lf",&num1,&op,&num2);
    switch(op)
    {
        case '+':result = num1 + num2;break;
        case '-':result = num1 - num2;break;
        case '*':result = num1 * num2;break;
        case '/':result = num1/num2;break;
        default:printf("输入的计算式不合法，请重新输入！\n");
    }
    printf("%.2lf%c%.2lf = %.2lf\n",num1,op,num2,result);
}
```

程序运行结果：

```
请输入要计算的数学表达式：
89-44
89.00-44.00=45.00
```

【例 4.11】 输入月份，输出对应的季度。1、2、3 月为一季度；4、5、6 月为二季度；7、8、9 月为三季度；10、11、12 月为四季度。

```
#include <stdio.h>
main()
{
    int n;
    printf("请输入 1～12 的一个数字：");
    scanf("%d",&n);
    switch(n)
    {
        case 1:
        case 2:
        case 3:printf("一季度\n");break;
        case 4:
        case 5:
        case 6:printf("二季度\n");break;
        case 7:
        case 8:
```

```
        case 9:printf("三季度\n");break;
        case 10:
        case 11:
        case 12:printf("四季度\n");break;
        default:printf("输入错误,请输入 1~7 的数字.\n");
    }
}
```

程序运行结果：

```
请输入 1~12 的一个数字: 7
三季度
```

程序解读：

一年只有 4 个季度，1、2、3 月为一季度，4、5、6 月为二季度，7、8、9 月为三季度，10、11、12 月为四季度，每 3 个月对应的输出语句是相同的。switch-case 语句的特点是遇到 break 才会结束，因此，可以省略部分 case 后面的语句，从而减少书写代码的工作量，提高工作效率。当输入的月份为 1 时，要执行 case 1 后面的语句，因其后无语句，系统将自动去执行 case 2 后面的语句，由于 case 2 后面同样没有语句，因此执行 case 3 后面的语句，然后遇到 break，跳出 switch。

习题 4

一、选择题

1. 设有定义：int a=2,b=3,c=4;，则值为 0 的表达式是(　　)。

   A. (!a==1)&&(!b==0)　　B. (a)

   C. a && b　　D. a||(b+b)&&(c−a)

2. 以下程序的输出结果是(　　)。

```
main()
{
    int a = 4,b = 5,c = 0,d;
    d = !a&&!b||!c;
    printf("%d\n",d);
}
```

   A. 1　　B. 0　　C. 非 0 的数　　D. −1

3. 设有定义:int x=3,y=4,z=5;，则表达式!(x+y)+z−1 && y+z/2 的值是(　　)。

   A. 6　　B. 0　　C. 2　　D. 1

4. 以下程序的输出结果是(　　)。

```
main()
{
    int a = 15,b = 21,m = 0;
    switch(a % 3)
    {
        case 0:m++;break;
        case 1:m++;
        switch(b % 2)
        {
            default:m++;
            case 0:m++;break;
        }
    }
    printf("%d\n",m);
}
```

A. 1　　B. 2　　C. 3　　D. 4

5. 以下程序的输出结果是(　　)。

```
main()
{
    int a = 5,b = 4,c = 3,d = 2;
    if(a > b > c)
        printf("%d\n",d);
    else if((c - 1 >= d) == 1)
        printf("%d\n",d + 1);
    else
        printf("%d\n",d + 2)
}
```

A. 2　　B. 3

C. 4　　D. 编译时有错,无结果

6. 以下 4 个选项中,不能看作一条语句的是(　　)。

A. {;}　　B. a=0,b=0,c=0;

C. if(a>0);　　D. if(b==0) m=1;n=2;

7. 以下程序段中与语句 k=a>b? (b>c? 1:0):0;功能等价的是(　　)。

A. if((a>b) &&(b>c)) k=1;
　　else k=0;

B. if((a>b) ||(b>c)) k=1;
　　else k=0;

C. if(a<=b) k=0;
　　else if(b<=c) k=1;
　　else k=0;

D. if(a>b) k=1;
　　else if(b>c) k=1;
　　else k=0;

8. 若 x 和 y 为整型数，以下表达式中不能正确表示数学关系 $|x-y|<10$ 的是(　　)。

A. abs(x−y)<10　　　　B. x−y>−10&& x−y<10

C. (x−y)<−10||!(y−x)>10　　　　D. (x−y)*(x−y)<100

9. 以下程序的输出结果是(　　)。

```
main()
{
    int a = 3,b = 4,c = 5,d = 2;
    if(a > b)
        if(b > c)
            printf(" %d",d++ + 1);
        else
    printf(" %d",++d  + 1);
    printf(" %d\n",d);
}
```

A. 2　　　　B. 3　　　　C. 43　　　　D. 44

10. 下列条件语句中，功能与其他语句不同的是(　　)。

A. if(a) printf("%d\n",x); else printf("%d\n",y);

B. if(a==0) printf("%d\n",y); else printf("%d\n",x);

C. if (a!=0) printf("%d\n",x); else printf("%d\n",y);

D. if(a==0) printf("%d\n",x); else printf("%d\n",y);

11. 以下程序的输出结果是(　　)。

```
main()
{
    int a,b,d = 25;
    a = d/10 % 9;
    b = a&&( - 1);
    printf(" %d, %d\n",a,b);
}
```

A. 6,1　　　　B. 2,1　　　　C. 6,0　　　　D. 2,0

12. 以下程序的输出结果是(　　)。

```
main()
{
    int i = 1,j = 2,k = 3;
    if(i++ == 1&&(++j == 3||k++ == 3))
    printf(" %d %d %d\n",i,j,k);
}
```

A. 1 2 3　　B. 2 3 4　　C. 2 2 3　　D. 2 3 3

13. 当把以下 4 个表达式用作 if 语句的条件表达式时，有 1 个选项与其他 3 个选项含义不同，这个选项是(　　)。

A. k%2　　B. k%2==1　　C. (k%2)!=0　　D. !k%2==1

14. 在以下给出的表达式中，与 if(E)中的 E 不等价的表达式是(　　)。

A. !E==0　　B. E>0 || E<0

C. E==0　　D. E!=0

15. 若变量 kk 为 char 型，以下不能正确判断出 kk 中的值为大写字母的表达式是(　　)。

A. kk>='A'&&kk<='Z'　　B. !(kk>='A' || kk<='Z')

C. (kk+32)>='a'&&(kk+32)<='z'　　D. isalpha(kk)&&(kk<91)

16. 当变量 c 的值不为 2、4、6 时，值为真的表达式是(　　)。

A. (c==2) || (c==4) || (c==6)

B. (c>=2&&c<=6) || (c!=3) || (c!=5)

C. (c>=2&&c<=6)&&!(c%2)

D. (c>=2&&c<=6)&&(c%2!=1)

17. 若变量已正确定义，则以下程序段的输出结果是(　　)。

```
int a = 3,b = 5,c = 7;
if(a > b) a = b; c = a;
if(c!= a) c = b;
printf(" %d, %d, %d\n",a,b,c);
```

A. 程序段有语法错误　　B. 3,5,3

C. 3,5,5　　D. 3,5,7

二、编程题

1. 从键盘输入一个字符，判断它是不是字母。
2. 从键盘任意输入一个年份，判断它是否为闰年。
3. 从键盘输入三角形三边长，判断它能否构成三角形。
4. 从键盘任意输入一个字符，判断它是大写、小写、数字字符还是其他特殊字符。
5. 输入数字，输出对应月份的英文。例如，输入 1，输出 January。

第 5 章

循环结构程序设计

学习目标

1. 理解循环的概念。
2. 掌握 while 语句、do-while 语句、for 语句的使用。
3. 掌握 break 语句、continue 语句的功能及用法。
4. 掌握循环结构程序设计思想。

在求解问题时，经常遇到重复做一种操作或一组操作的情况，这时就需要引入循环。循环结构是程序中一种很重要的结构，其特点是在给定条件成立时，反复执行某程序段，直到条件不成立为止。给定的条件称为循环条件，反复执行的程序段称为循环体。C 语言提供了多种循环语句，可以组成各种不同形式的循环结构。本章主要介绍 while 语句、do-while 语句和 for 语句构成的循环。由于 goto 语句和 if 语句构成的循环现在很少使用，因此本章不做介绍。

5.1 while 语句

while 语句的一般格式如下。

```
while(表达式)
    语句;
```

其中表达式表示循环条件，语句为循环体。

while 语句中的表达式可以是任何表达式，常用的是关系表达式和逻辑表达式。循环体如果包含一条以上的语句，就必须用{}括起来，构成复合语句，否则循环时只有第一条语句被执行。

while 语句的执行过程是，先判断表达式的值，如果值为非 0，则执行循环体；一旦表达式值为 0，就跳出循环，执行循环之后的语句。其执行流程如图 5.1 所示。

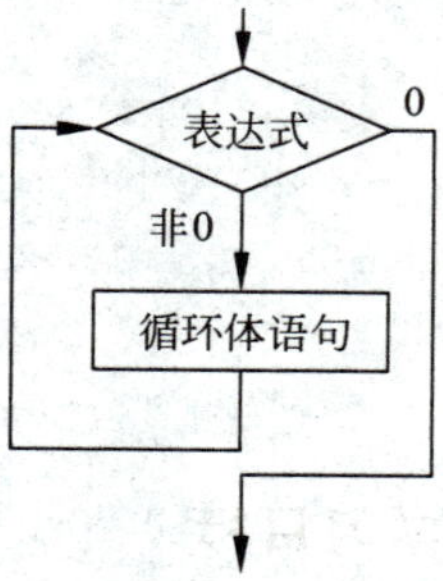

图 5.1　while 语句执行流程

【例 5.1】　打印 1～10 这 10 个数字。

```
#include <stdio.h>
main()
{
    int i;
    i=1;                          //循环变量赋初值
    while(i<=10)                  //循环变量的终了值，也是循环的条件
    {
        printf("%d ",i);
        i++;                      //循环变量的步进值
    }
}
```

程序运行结果：

```
1  2  3  4  5  6  7  8  9  10
```

程序解读：

本程序是一个重复次数明确的循环，从1～10反复进行打印操作。程序定义了整型变量i作为循环变量，在循环开始之前为它赋初值1，每循环一次i的值增加1，当i值小于或等于10时，输出i的值，这样就打印了1～10这10个数字。

【例5.2】 计算1+2+…+100的和。

```
#include <stdio.h>
main()
{
    int i,sum;
    i=1;
    sum=0;
    while(i<=100)
    {
        sum=sum+i;
        i++;
    }
    printf("1+2+…+100=%d\n",sum);
}
```

程序运行结果：

```
1+2+…+100=5050
```

程序解读：

本例中，需要反复进行的操作是加法运算，重复次数是100次。定义整型变量i作为循环变量，同时i也是被加数；还定义了sum存放累加和。i的值从1～100规律递增，循环开始之前为i赋初值1，为sum赋初值0，如果不为sum赋初值，累加表达式sum=sum+i无从计算。当i的值小于或等于100时，把该数累加到sum中，循环结束之后1～100的全部数字被累积相加到了sum中。

【例5.3】 从键盘输入任意个数值，统计其中负数的个数，以0结束输入。

```
#include <stdio.h>
main()
{
    int num,count;
    count=0;
    printf("请随意输入一些数,以0结束输入:\n");
    scanf("%d",&num);
    while(num!=0)
    {
```

```
        if(num<0)
        {
            count ++;
        }
        scanf("%d",&num);
    }
    printf("负数一共有:%d个\n",count);
}
```

程序运行结果：

```
请随意输入一些数,以0结束输入:
89  74  32  -6  -42  90  -23  -5  0
负数一共有:4个
```

程序解读：

本例中，需要重复的操作是从键盘输入数据，然后判断数据的正负并统计负数的个数。重复次数是随机的，不能使用循环变量来控制循环的次数，但循环结束的标志很明确，就是从键盘输入的数据为0，所以，程序循环的条件也就找到了，即从键盘上输入的数据不为0。为了让while循环的循环条件成立，在循环开始之前需要输入一个数，否则while()语句中的条件num!=0无合理依据。

5.2 do-while 语句

do-while语句的一般格式如下。

```
do
    语句;
while(表达式);
```

与while循环一样，其中表达式是循环条件，语句为循环体。

do-while语句中的表达式是任何表达式，常用的是关系表达式和逻辑表达式。循环体如果包含一条以上的语句，就必须用{}括起来，构成复合语句，否则语法错误。

do-while语句的执行过程是，因为循环条件后置，所以先执行循环体一次，然后判断表达式的值，如果值为非0，则执行循环体；一旦表达式值为0，就跳出do-while循环，执行循环之后的语句。其执行流程如图5.2所示。

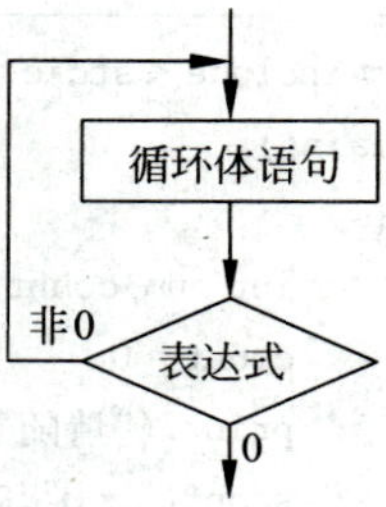

图5.2 do-while语句执行流程

【例 5.4】 利用 do-while 语句改写例 5.3(从键盘输入任意个数值,统计其中负数的个数,以 0 结束输入)。

```
#include <stdio.h>
main()
{
    int num,count;
    count = 0;
    printf("请随意输入一些数,以 0 结束输入:\n");
    do
    {
        scanf("%d",&num);
        if(num < 0)
        {
            count ++;
        }
    }
    while(num!= 0);
    printf("负数一共有:%d 个\n",count);
}
```

程序运行结果:

```
请随意输入一些数,以 0 结束输入:
5  9  -2  7  -9  -3  6  0
负数一共有:3 个
```

程序解读:

由于 do-while 循环条件判断后置,循环体无条件执行一次,因此本例与例 5.3 相比,语句较简洁,不需要循环开始之前的 scanf()语句。需要重复进行的输入数据和判断正负以及统计负数个数的操作全都在循环体内,程序更为直观。

【例 5.5】 打印 100 以内能被 7 或 11 整除的数。每行输出 5 个数。

```
#include <stdio.h>
main()
{
    int n,count;
    n = 1;
    count = 0;
    do
    {
        if(n%7 == 0||n%11 == 0)
        {
            printf("%d\t",n);
            count++;
```

```
            if(count % 5 == 0)
            {
                printf("\n");
            }
        }
        n++;
    }while(n <= 100);
}
```

程序运行结果：

```
7       11      14      21      22
28      33      35      42      44
49      55      56      63      66
70      77      84      88      91
98      99
```

程序解读：

变量 count 用于统计打印数据的个数，当打印数据个数为 5 的倍数时，输出换行符，使每行数据保持为 5 个。注意要在循环开始之前为 count 赋 0 值，否则循环体内的 count＋＋无从计算。

5.3 for 语句

1. for 语句的一般格式及执行流程

for 语句的一般格式如下。

```
for(表达式 1; 表达式 2; 表达式 3)
    语句;
```

表达式 1：一般用于为循环控制变量赋初值，也可以用逗号表达式的形式为循环控制变量以及循环开始之前需要赋值的其他变量赋初值。

表达式 2：循环的条件，一般表示循环控制变量的终值。

表达式 3：一般用于循环控制变量的步进值，也就是每循环一次，循环控制变量变化多少。

表达式 1、2、3 均可省略，但中间的分号“;”不能省略。

for 下面的“语句”即为循环体，当循环体是多条语句时，必须用{}括起来形成复合语句，否则，只有第一句会被循环执行。

与 while 语句相比，固定次数循环，由于 for 语句把循环变量的初值、终值和步进值都写在同一行，阅读程序时可以快速了解程序循环次数，书写程序时不会丢失语句，且程序代码显得更加简洁。所以，在循环次数已知的情况下，更倾向于选择使用 for 语句。

for 语句的执行过程：①计算表达式 1 的值；②计算表达式 2 的值，如果为非 0 值，则执行循环体；③计算完表达式 3 的值，转回②操作，直到表达式 2 的值为 0 结束循环，去执行 for 后面的语句。其执行流程如图 5.3 所示。

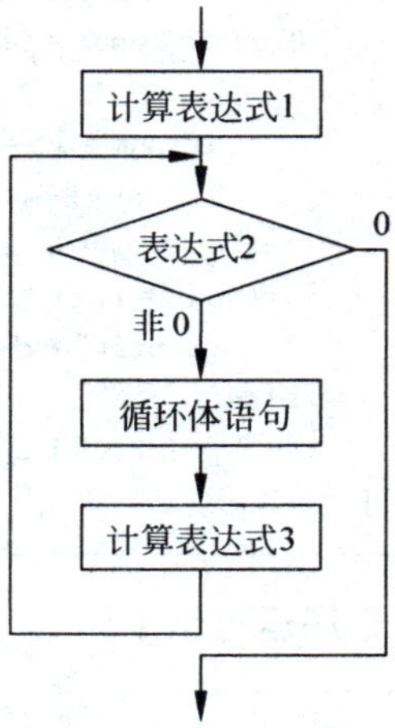

图 5.3 for 语句执行流程

【例 5.6】 用 for 语句改写例 5.2(计算 1＋2＋…＋100 的和)。

```
#include <stdio.h>
main()
{
    int i,sum;
    for(i = 1,sum = 0;i <= 100;i++)
    {
        sum = sum + i;
    }
    printf("1 + 2 + 3 + ... + 100 = %d\n",sum);
}
```

【例 5.7】 用 for 语句改写例 5.5(打印 100 以内能被 7 或 11 整除的数。每行输出 5 个数)。

```
#include <stdio.h>
main()
{
    int n,count;
    for(n = 1,count = 0;n <= 100;n++)
        if(n % 7 == 0||n % 11 == 0)
        {
            printf("%d\t",n);
            count++;
            if(count % 5 == 0)
                printf("\n");
        }
}
```

【例 5.8】 从键盘任意输入一个数，判断这个数是不是完数。如果一个数等于它所有因子(能够整除该数即为该数的因子)之和，则该数为完数，如 6＝1＋2＋3。

```
#include <stdio.h>
main()
```

```
{
    int num,i,sum;
    printf("请输入一个数: ");
    scanf("%d",&num);
    for(i=1,sum=0;i<=num/2;i++)
    {
        if(num%i==0)
            sum=sum+i;
    }
    if(sum==num)
        printf("%d是完数\n",num);
    else
        printf("%d不是完数\n",num);
}
```

程序运行结果：

```
请输入一个数: 6
6是完数
```

程序解读：

要找出 num 的因子，只须检验从 1～num/2 的数，无须检验 num/2～num−1 范围内的数，因为 num 除以 num/2 已经等于 2，num 再除以 num/2 之上的数商只能为一点几，不可能整除，即 num/2 之上不可能存在 num 的因子。减少循环次数可以有效提高程序执行效率。

【例 5.9】 打印 Fibonacci(斐波那契)数列前 30 项。斐波那契数列又称为黄金分割数列。因数学家列昂纳多·斐波那契(Leonardoda Fibonacci)以兔子繁殖为例子而引入，指的是这样一个数列：1,1,2,3,5,8,13,21,34,…。除第 1、第 2 两个数以外，后面的每一个数都是之前两个数的和。在数学上，斐波那契数列被以递归的方法定义：

$$F(n)=\begin{cases}0 & n=0\\ 1 & n=1\\ F(n-1)+F(n-2) & n\geqslant 2\end{cases}$$

```
#include <stdio.h>
main()
{
    int f1,f2,f3;
    int i;
    for(f1=0,f2=1,i=1;i<=30;i++)
    {
        f3=f1+f2;
        printf("%d\t",f3);
```

```
        f1 = f2;
        f2 = f3;
        if(i % 6 == 0)
            printf("\n");
    }
}
```

程序运行结果：

```
1       2       3       5       8       13
21      34      55      89      144     233
377     610     987     1597    2584    4181
6765    10946   17711   28657   46368   75025
121393  196418  317811  514229  832040  1346269
```

2. for 语句的其他使用形式

for 循环功能强大，既可以用于固定次数的循环，也可以用于不固定次数的循环，它能完全取代 while 语句或 do-while 语句。在 C 语言中，for 语句的使用非常灵活，形式变化多样，常见的有以下几种。

1）省略表达式 1

for 语句中的表达式 1 可以省略，用于 for 语句之前循环变量已经赋值或不需要循环变量的情况。注意表达式 1 后面的分号不能省略。例如：

```
int i = 1, sum = 0;
for(;i <= 100;i++)
    sum = sum + i;
```

由于循环变量 i 在定义的同时已经赋值，因此不必在 for 语句中再进行重复的赋值操作。省略表达式 1 之后，执行 for 语句时跳过计算表达式 1 的操作，其余操作不变。

2）省略表达式 2

for 语句中的表达式 2 可以省略，用于表示无条件循环，相当于循环条件永远成立。这种情况要在 for 循环体中添加条件判断来决定是否结束循环，否则会形成死循环。注意表达式 2 后面的分号不能省略。

【例 5.10】 一个矩形面积为 375，长比宽多 10，矩形边长是多少？

```
#include <stdio.h>
main()
{
    int l,m;
```

```
    for(m = 5,l = m + 10; ;m = m + 5,l = m + 10)
    {
        if(l * m == 375)
            break;
    }
    printf("矩形宽 %d,矩形长 %d\n",m,l);
}
```

程序运行结果：

```
矩形宽 15,矩形长 25
```

3）省略表达式 3

for 语句中的表达式 3 可以省略，用于循环变量步进值在循环体内或无循环变量的情况。注意表达式 3 前面的分号不能省略。

【例 5.11】 从键盘输入一串字符，统计其中数字字符的个数。

```
#include <stdio.h>
main()
{
    char ch;
    int count;
    for(count = 0;(ch = getchar())!= '\n';)
        if(ch>= '0'&&ch<= '9')
            count++;
    printf("数字字符一共有 %d 个\n",count);
}
```

程序运行结果：

```
f4h6thank12 *#222over
数字字符一共有 7 个
```

4）空语句作循环体

for 语句的循环体可以是空语句，即没有循环内容。若循环体非常短小，也可以直接作为 for 语句中的表达式 3。

【例 5.12】 改写例 5.10(一个矩形面积为 375，长比宽多 10，矩形边长是多少?)。

```
#include <stdio.h>
main()
{
    int l,m;
    for(m = 5,l = m + 10; l * m!= 375 ;m = m + 5,l = m + 10);
```

```
    printf("矩形宽%d,矩形长%d\n",m,l);
}
```

5.4 循环的嵌套

一个循环体内又包含另一个完整的循环，称为循环的嵌套，也叫多重循环。处于内部的循环称为内层循环，处于外部的循环称为外层循环。while、do-while 和 for 等语句都可以相互嵌套，嵌套组合形式非常灵活，需要根据具体问题来确定嵌套形式。

【例 5.13】 百钱买百鸡问题：用 100 元钱买 100 只鸡，公鸡 5 元钱 1 只，母鸡 3 元钱 1 只，小鸡 1 元钱 3 只，若公鸡、母鸡、小鸡都要有，给出购买方案。

```
#include <stdio.h>
main()
{
    int x,y,z;
    for(x=1;x<20;x++)
    {
        for(y=1;y<33;y++)
        {
            z=100-x-y;
            if(5*x+3*y+z/3.0==100)
                printf("公鸡%d只,母鸡%d只,小鸡%d只\n",x,y,z);
        }
    }
}
```

程序运行结果：

```
公鸡4只,母鸡18只,小鸡78只
公鸡8只,母鸡11只,小鸡81只
公鸡12只,母鸡4只,小鸡84只
```

程序解读：

这是一个典型的可采用循环嵌套解决的问题。程序假定公鸡、母鸡、小鸡的只数分别为 x、y、z，那么买公鸡、母鸡、小鸡的钱分别是 $5x$、$3y$、$z/3$；同时鸡的只数应该是 100 只。可以得到如下数学模型：

$$\begin{cases} 5x+3y+z/3=100 \\ x+y+z=100 \end{cases}$$

可以看出，这是一个不定解方程，不定解方程求解途径一般是在取值范围内逐一变化 x、y、z 的值，穷举所有可能的情况，从而找到所有可能的解。

在本例中，如果 100 元全部买公鸡，可以最多买 20 只，因此 x 的取值范围是 1～20；同理 y 的取值范围是 1～33。于是，组合所有公鸡和母鸡可能买的只数，根据 $z=100-x-y$ 可以得到小鸡的只数，这样确保了鸡是 100 只，只须检验这样的方案能否花掉 100 元钱；如果能，则方案可取，否则舍弃。

【例 5.14】 打印如下图案，每次只打印一个 *。

```
*****
 *****
  *****
```

```
#include <stdio.h>
#define N 3
#define M 5
main()
{
  int i,j,k;
  for(i = 1;i <= N;i++)
  {
      for(j = 1;j < i;j++)
          printf(" ");
      for(k = 1;k <= M;k++)
          printf("* ");
      printf("\n");
  }
}
```

程序运行结果：

```
*****
 *****
  *****
```

【例 5.15】 打印九九乘法表。

```
#include <stdio.h>
main()
{
   int i,j;
   for(i = 1;i <= 9;i++)
   {
       for(j = 1;j <= i;j++)
           printf("\t%d× %d = %d",i,j,i*j);
       printf("\n");
   }
}
```

程序运行结果：

```
1×1=1
2×1=2  2×2=4
3×1=3  3×2=6   3×3=9
4×1=4  4×2=8   4×3=12  4×4=16
5×1=5  5×2=10  5×3=15  5×4=20  5×5=25
6×1=6  6×2=12  6×3=18  6×4=24  6×5=30  6×6=36
7×1=7  7×2=14  7×3=21  7×4=28  7×5=35  7×6=42  7×7=49
8×1=8  8×2=16  8×3=24  8×4=32  8×5=40  8×6=48  8×7=56  8×8=64
9×1=9  9×2=18  9×3=27  9×4=36  9×5=45  9×6=54  9×7=63  9×8=72  9×9=81
```

5.5 break 语句和 continue 语句

C 语言提供了 break 语句和 continue 语句，可以用来改变程序执行的正常流向，下面介绍这两条语句。

5.5.1 break 语句

break 语句只能用在 switch 语句或循环体语句中，作用是跳出 switch 语句或跳出本层循环。

【例 5.16】 打印出 1000 以内前 10 个能被 5 或 11 整除的数。

```
#include <stdio.h>
main()
{
    int i,count;
    printf("能被 5 或 11 整除的数: \n");
    for(i=5,count=0;i<=1000;i++)
    {
        if(i%5==0||i%11==0)
        {
            printf("%4d",i);
            count++;
            if(count%5==0)
                printf("\n");
        }
        if(count==10)
            break;
    }
}
```

程序运行结果：

```
能被 5 或 11 整除的数：
5       10      11      15      20
22      25      30      33      35
```

【例 5.17】 从键盘输入一个数，判断它是否为素数。

```
#include <stdio.h>
#include <math.h>
main()
{
    int num,i;
    printf("请输入一个数：");
    scanf("%d",&num);
    for(i=2;i<=(int)sqrt(num);i++)
        if(num%i==0)
            break;
    if(i<=(int)sqrt(num))
    {
        printf("%d不是素数\n",num);
    }
    else
    {
        printf("%d是素数\n",num);
    }
}
```

程序运行结果：

```
请输入一个数：17
17 是素数
```

程序解读：

所谓素数，是指除 1 和它自身之外，不能被任何数整除的数。因此，判断一个数 num 是否为素数，只须将 num 除以 2～num－1 的数，如果都不能整除，则 num 是素数；只要有一个数可以整除，则 num 为合数。

实际上，如果 num 为合数，它就可以表示为两个数的乘积，既然如此，这两个数中必然有一个数小于或等于 num 开方，那么程序只须在 2～$\sqrt{num}$检验是否存在这个数，找到这个数，就完成了 num 是否为素数的判断。因此，在检验 num 是否为素数的过程中，只须检验 2～$\sqrt{num}$的数能否整除 num 即可。

5.5.2 continue 语句

continue 语句只能用在循环体中，作用是结束本次循环，即不再执行 continue 语句之后没有执行完的其他循环体语句，转入下一次循环。

【例 5.18】 输出 100 以内的所有奇数。每行输出 5 个数。

```
#include <stdio.h>
main()
{
    int i,count = 0;
    for(i = 1;i <= 100;i++)
    {
        if(i % 2 == 0)
            continue;
        printf("\t%d",i);
        count++;
        if(count % 5 == 0)
            printf("\n");
    }
}
```

程序运行结果：

```
1       3       5       7       9
11      13      15      17      19
21      23      25      27      29
31      33      35      37      39
41      43      45      47      49
51      53      55      57      59
61      63      65      67      69
71      73      75      77      79
81      83      85      87      89
91      93      95      97      99
```

习题 5

一、选择题

1. t 为 int 类型，进入下面的循环之前，t 的值为 0，则以下叙述中正确的是(　　)。

```
while( t = 1 )
{ … }
```

A. 循环控制表达式的值为 0　　B. 循环控制表达式的值为 1
C. 循环控制表达式不合法　　D. 以上说法都不对

2. 以下程序的输出结果是(　　)。

```
main()
{  int num = 0;
   while(num <= 2)
   { num++; printf("%d\n",num);}
}
```

A. 1
2
3
4

B. 1
2
3

C. 1
2

D. 1

3. 以下程序中,while 循环的循环次数是(　　)。

```
main()
{  int i = 0;
   while(i < 10)
   { if(i < 1) continue;
     if(i == 5) break;
     i++;
   }
   ...
}
```

A. 1　　B. 10
C. 6　　D. 死循环,不能确定次数

4. 以下程序的输出结果是(　　)。

```
main()
{  int i;
   for(i = 0;i < 3;i++)
   switch(i)
   { case 1: printf("%d",i);
     case 2: printf("%d",i);
     default: printf("%d",i);
   }
}
```

A. 011122　　B. 012　　C. 012020　　D. 120

5. 以下程序的输出结果是(　　)。

```
#include <stdio.h>
main()
{   int i = 0,a = 0;
    while(i<20)
    {   for(;;)
        { if((i%10) == 0) break;
              else i--;
        }
        i += 11; a += i;
    }
    printh("%d\n",a);
}
```

A. 21　　B. 32　　C. 33　　D. 11

6. 以下程序的功能是，按顺序读入 10 名学生 4 门课程的成绩，计算出每位学生的平均分并输出，程序如下：

```
main()
{   int n,k;
    float score ,sum,ave;
    sum = 0.0;
    for(n = 1;n <= 10;n++)
    {   for(k = 1;k <= 4;k++)
        { scanf("%f",&score); sum += score;}
        ave = sum/4.0;
        printf("NO%d:%f\n",n,ave);
    }
}
```

上述程序运行后结果不正确，调试中发现有一条语句出现在程序中的位置不正确。这条语句是(　　)。

A. sum＝0.0；　　B. sum＋＝score；

C. ave＝sun/4.0；　　D. printf("NO%d:%f\n",n,ave)；

7. 以下程序段中，do-while 循环的结束条件是(　　)。

```
int n = 0,p;
do{scanf("%d",&p);n++;}while(p!= 12345 &&n<3);
```

A. p 的值不等于 12345 并且 n 的值小于 3

B. p 的值等于 12345 并且 n 的值大于等于 3

C. p 的值不等于 12345 或者 n 的值小于 3

D. p 的值等于 12345 或者 n 的值大于等于 3

8. 有以下程序，若要使程序的输出值为2，则应该从键盘给n输入的值是(　　)。

```
main()
{   int s = 0,a = 1,n;
    scanf(" % d",&n);
    do
    { s += 1; a = a - 2; }
    while(a!= n);
    printf(" % d\n",s);
}
```

A. −1　　　　B. −3　　　　C. −5　　　　D. 0

9. 以下程序的功能是计算 $s=1+1/2+1/3+\cdots+1/10$。

```
main()
{   int n; float s;
    s = 1.0;
    for(n = 10;n > 1;n -- )
    s = s + 1/n;
    printf(" % 6.4f\n",s);
}
```

程序运行后输出结果错误，导致错误结果的程序行是(　　)。

A. s=1.0;　　　　B. for(n=10;n>1;n−−)

C. s=s+1/n;　　　　D. printf("%6.4f\n",s);

10. 有以下程序，程序运行时，从键盘输入：01↙，则程序执行后的输出结果是(　　)。

```
main( )
{   char k; int I;
    for(i = 1;i < 3;i++)
    {   scanf(" % c",&k);
        switch(k)
        { case '0': printf("another\n");
          case '1': printf("number\n");
        }
    }
}
```

A. another
number
another　　　　B. another
number
number　　　　C. another
number　　　　D. number
number

11. 以下程序的输出结果是(　　)。

```
main( )
{   int x = 0,y = 5,z = 3;
```

```
    while(z-->0&&++x<5) y=y-1;
    printf("%d,%d,%d\n",x,y,z);
}
```

A. 3,2,0　　B. 3,2,−1　　C. 4,3,−1　　D. 5,−2,−5

12. 以下程序的输出结果是(　　)。

```
main( )
{  int i,s=0;
   for(i=1;i<10;i+=2) s+=i+1;
   printf("%d\n",s);
}
```

A. 自然数 1～9 的累加和　　B. 自然数 1～10 的累加和

C. 自然数 1～9 中的奇数之和　　D. 自然数 1～10 中的偶数之和

13. 以下程序的输出结果是(　　)。

```
main( )
{  int i,n=0;
   for(i=2;i<5;i++)
   {  do
      {  if(i%3) continue;
           n++;
      } while(!i);
      n++;
   }
   printf("n=%d\n",n);
}
```

A. n=5　　B. n=2　　C. n=3　　D. n=4

14. 以下程序的输出结果是(　　)。

```
main()
{  int i=0,x=0;
   for (;;)
   {
      if(i==3||i==5) continue;
      if (i==6) break;
      i++;
      s+=i;
   };
   printf("%d\n",s);
}
```

A. 10　　　　B. 13
C. 21　　　　D. 程序进入死循环

15. 若变量已正确定义，要求程序段完成求 5! 的计算，不能完成此操作的程序段是(　　)。

A. for(i=1,p=1;i<=5;i++) p*=i;
B. for(i=1;i<=5;i++){ p=1; p*=i;}
C. i=1;p=1;while(i<=5){p*=i; i++;}
D. i=1;p=1;do{p*=i; i++; }while(i<=5);

二、编程题

1. 编写程序，求在 10～1000 所有能被 4 除余 2，且被 7 除余 3，且被 9 除余 5 的数之和。

2. 打印所有的 5 位的回文数。回文数是指正序和倒序都相同的数字，如 98789。

3. 某老者和他的孙子同生于 20 世纪，他们年龄相差 60 岁，他们出生年份被 3、4、5、6 除，余数分别是 1、2、3、4。编程求出老者和他的孙子各自出生的年份。

4. 有一个 3 位数字，其百位、十位和个位各不相同，如果将此数码重新排列，必可得到一个最大数和一个最小数，此两数之差正好就是原来的 3 位数，求这个 3 位数。

5. 打印以下图案。

```
   *
  ***
 *****
*******
 *****
  ***
   *
```

6. 输出 100 以内的所有素数。

7. 编写程序输出 $n\times n$ 的矩阵($2\leqslant n\leqslant 9$)。

例如，当 $n=3$ 时，输出的矩阵为

$$\begin{bmatrix}1 & 2 & 3\\2 & 4 & 6\\3 & 6 & 9\end{bmatrix}$$

当 $n=5$ 时，输出的矩阵为

$$\begin{bmatrix}1 & 2 & 3 & 4 & 5\\2 & 4 & 6 & 8 & 10\\3 & 6 & 9 & 12 & 15\\4 & 8 & 12 & 16 & 20\\5 & 10 & 15 & 20 & 25\end{bmatrix}$$

第 6 章

数 组

学习目标

1. 掌握数组的概念、定义和引用。
2. 掌握字符数组及字符串处理函数的使用。
3. 掌握与数组有关的算法。
4. 应用数组设计程序。

在程序设计实践中，常常遇到需要许多变量的情况，把具有相同类型的若干变量按有序的形式组织起来，可以方便地解决一些复杂的问题。这些按序排列的同类数据元素的集合称为数组。其中共用的名字称为数组名，集合中的变量称为数组元素。C语言的数组元素由数组名和用[]括起来的下标共同组成。数组名后所带下标的个数称为数组的维数，只带1个下标的数组称为一维数组，带2个下标的称为二维数组，带3个下标的称为三维数组，以此类推。

在C语言中，数组属于构造类型。数组中的元素可以是基本数据类型，也可以是构造类型。按数组元素的类型不同，数组又可分为数值数组、字符数组、指针数组、结构体数组等。本章介绍数值数组和字符数组。

6.1 一维数组

一维数组是指具有一个下标的元素组成的数组，其中各个数组元素可以看作排成一行的一组下标变量。

6.1.1 一维数组的定义

一维数组的定义格式如下。

```
数据类型 数组名[常量表达式];
```

例如：

```
int a[5];                  //定义了一个整型数组 a,数组有 5 个元素
double b[10],c[15];        //定义了两个浮点型数组 b 和 c,分别有 10 个元素和 15 个元素
char s[30];                //定义了一个字符型数组 s,数组有 30 个元素
#define N 3
float d[N];                //定义了一个浮点型数组 d,数组有 3 个元素
```

一维数组的定义格式说明如下。

(1) 数据类型是指数组元素的取值类型，可以是基本数据类型，也可以是构造类型。对于同一个数组，其所有元素的数据类型都是相同的。

(2) 数组名要符合标识符的命名规则，且不能与其他变量名重名。例如，已经有定义 int a，再定义数组 int a[5]就是错的。

(3) 数组元素的下标从0开始。如有定义 int a[5]，则其中的5个元素分别是 a[0]、a[1]、a[2]、a[3]和 a[4]。数组元素的最大下标为数组长度减1，超过这个值，就会导致越界错误。注意，C语言不做数组下标越界检查，使用数组时，要自己小心不要越界，以免造成不可预料的后果。

(4) C语言的数组不能动态定义，也就是说方括号[]中只能是常量或常量表达式，不能

有变量。例如，以下就是错误的动态定义。

```
int n=5; float a[n];
```

(5) 数组在内存按下标递增的次序连续、线性存放，数组名是数组存储区域的首地址。

6.1.2 一维数组元素的引用

数组在定义之后，就可以在程序中引用其中的元素。一维数组元素的引用形式如下。

```
数组名[下标]
```

一维数组元素的本质是一个具有下标的变量，它和普通变量的使用完全相同。

【例 6.1】 一维数组元素的引用。

```
#include <stdio.h>
main()
{
    int a[3],sum;
    float avg;
    a[0]=78;
    a[1]=66;
    a[2]=93;
    sum=a[0]+a[1]+a[2];
    avg=sum/3.0;
    printf("sum=%d\navg=%.1f\n",sum,avg);
}
```

程序运行结果：

```
sum=237
avg=79.0
```

程序解读：

以上程序中定义了一个一维数组 a[3]，包含 3 个变量：a[0]、a[1]和 a[2]。数组元素是用下标进行区分的变量，与普通变量完全等价，程序中完全可以按使用普通变量的方式使用数组元素。

6.1.3 一维数组元素的初始化

初始化是指给数组元素赋初始值，数组元素初始化方法有以下 3 种。

1. 定义数组时全部初始化

例如：

```
int a[3] = {4,9,2};
```

执行该语句之后，系统将{}里罗列的数据按自左至右的顺序依次对数组元素 a[0]～a[2]进行赋值，结果为：a[0]=4，a[1]=9，a[2]=2。

定义数组时如果做全部初始化还可以省略数组的长度，系统会根据数据个数确定数组元素的个数。上述定义还可以写成如下形式。

```
int a[] = {4,9,2};
```

2. 定义数组时部分初始化

例如：

```
int a[5] = {97,82};
```

执行该语句后，a[0]=97，a[1]=82，其他未被赋值的变量自动为 0。

定义数组时进行部分初始化，不能省略数组长度。

3. 定义数组之后再初始化

例如：

```
int a[3];
```

定义数组之后再初始化，只能对数组元素逐个进行操作。例如：

```
a[0] = 4; a[1] = 9; a[2] = 2;
```

试图写成“a={4,9,2};”或者“a[3]= {4,9,2};”均是语法错误。

6.1.4 一维数组的应用

【例 6.2】 将 3、6、9、12、15 这 5 个数赋给一个一维数组，并按序打印出来。

```
#include <stdio.h>
#define N 5
main()
```

```
{
    int a[N],i;
    for(i=0;i<N;i++)
        a[i]=(i+1)*3;
    printf("这个一维数组是:\n");
    for(i=0;i<N;i++)
        printf(" %d ",a[i]);
    printf("\n");
}
```

程序运行结果:

```
这个一维数组是:
3  6  9  12  15
```

程序解读:

数组元素是按下标进行区分的变量,数组元素的下标规律递增,可以使用循环变量控制数组元素的下标,从而方便地进行数组元素的存取。

【例 6.3】 随机产生 10 个 100 以内的数,存入数组。求这 10 个数的和以及平均值。

```
#include<stdio.h>
#include<time.h>
#include<stdlib.h>
#define N 10
main()
{
    int a[N],i,sum;
    double avg;
    srand((int)time(NULL));
    for(i=0;i<N;i++)
        a[i]=rand()%100;
    printf("这个一维数组是:\n");
    for(i=0;i<N;i++)
        printf(" %d ",a[i]);
    printf("\n");
    for(i=0,sum=0;i<N;i++)
        sum+=a[i];
    avg=(double)sum/N;
    printf("sum=%d\navg=%.1lf\n",sum,avg);
}
```

程序运行结果:

```
这个一维数组是:
24  63  80  56  72  10  9  39  41  85
```

```
sum = 479
avg = 47.9
```

程序解读：

利用系统时间的函数 time()（定义在 time.h 中）、随机数发生器初始化函数 srand()和随机数函数 rand()（定义在 stdlib.h 中）联合使用产生随机数，使用这些函数要包含相应的头文件。

rand()函数在产生随机数前，需要系统提供的生成伪随机数序列的种子，rand()函数根据这个种子的值产生一系列随机数。如果系统提供的种子没有变化，每次调用 rand()函数生成的伪随机数序列都是一样的。

由于系统时间随时都在变化，它是一个很好的随机数种子。time()函数读取系统当前时间（以秒数表示）并强制转换为整型数据之后，传递给 srand()函数作为随机数的种子，从而使 rand()函数产生不同的伪随机数序列。

rand()函数产生 1～32767 的随机数，要想获得某一数据范围以内的随机数，需要进行相应的取余运算。

【例 6.4】 随机产生 10 个 1000 以内的数，存入数组。从键盘输入一个数，在数组中查询是否有这个数，如果有，输出它的位置；如果没有，输出“找不到”。

```
#include <stdio.h>
#include <time.h>
#include <stdlib.h>
#define N 10
main()
{
    int a[N],i,num;
    srand((int)time(NULL));
    for(i = 0;i < N;i++)
        a[i] = rand() % 1000;
    printf("这个一维数组是: \n");
    for(i = 0;i < N;i++)
        printf(" %d ",a[i]);
    printf("\n");
    printf("请输入要查询的数据: \n");
    scanf(" %d",&num);
    for(i = 0;i < N;i++)
        if(num == a[i])
            break;
    if(i < N)
        printf("找到了,是第 %d 个数\n",i + 1);
    else
        printf("找不到");
}
```

程序运行结果：

```
这个一维数组是:
374  821  610  928  857  909  28  170  718  269
请输入要查询的数据:
857
找到了,是第 5 个数
```

程序解读：

对于不可能重复的目标数据如学号、身份证号、电话号码等进行查询时，一旦找到，就可以结束查询；只有全部数据查询完毕都没有找到，才能确认找不到。本例模拟不重复的目标数据的查询操作，只要找到待查询的数据就结束查询，因此，程序可以根据循环变量值的大小来判断是否找到查询对象。只要找到查询对象，程序会提前结束循环，循环变量的值就会小于终值；只有找不到查询对象，循环会正常结束，循环变量的值才会超过终值。

【例 6.5】 随机产生 10 个 1000 以内的数，存入数组。输出其中最大的数以及它所在的位置。

```
#include <stdio.h>
#include <time.h>
#include <stdlib.h>
#define N 10
main()
{
    int a[N],i,max,pos;
    srand((int)time(NULL));
    for(i = 0;i < N;i++)
        a[i] = rand() % 1000;
    printf("这个一维数组是: \n");
    for(i = 0;i < N;i++)
        printf(" %d ",a[i]);
    printf("\n");
    max = a[0];
    pos = 1;
    for(i = 1;i < N;i++)
        if(max < a[i])
        {
            max = a[i];pos = i + 1;
        }
    printf("max = %d,是第 %d 个数\n",max,pos);
}
```

程序运行结果：

```
这个一维数组是:
926  62  231  396  316  166  745  980  897  822
max = 980,是第 8 个数
```

程序解读：

在目标数据中查询最大值时，首先假定第一个数最大，用 max 记录下这个最大值，用 pos 记录它所在的位置；然后把这个 max 与后面的数据进行比较，如果 max 小于后面某一个数，则之前的假定不成立，max 应当记录当前这个数的值，并记录下它的位置。

【例 6.6】 随机产生 5 个 50 以内的数，存入数组。用冒泡排序法按从小到大的顺序排序之后输出。

```
#include<stdio.h>
#include<time.h>
#include<stdlib.h>
#define N 5
main()
{
    int a[N],i,j,tmp;
    srand((int)time(NULL));
    for(i=0;i<N;i++)
        a[i]=rand()%50;
    printf("排序之前是:\n");
    for(i=0;i<N;i++)
        printf("%d ",a[i]);
    printf("\n");
    for(i=1;i<N;i++)
        for(j=0;j<N-i;j++)
            if(a[j]>a[j+1])
            { tmp=a[j];a[j]=a[j+1];a[j+1]=tmp;}
    printf("排序之后是:\n");
    for(i=0;i<N;i++)
        printf("%d ",a[i]);
    printf("\n");
}
```

程序运行结果：

```
排序之前是:
28  41  22  14  25
排序之后是:
14  22  25  28  41
```

程序解读：

冒泡排序法是一种相对简单的排序算法，它需要重复遍历待排序的数据序列，每次仅进行相邻两个元素的比较，如果不符合排序要求，则交换这两个元素，直到整个数据序列有序为止。

冒泡排序法的具体过程是，首先将待排序数据序列的第 1 个元素和第 2 个元素进行比较，若为逆序，则交换这两个元素；其次比较第 2 个和第 3 个元素；以此类推，直到第 $n-1$ 个元素和第 n 个元素进行比较、交换为止。如此经过一趟排序，使最大的元素被安置到最后一个元素的位置上。然后，对前 $n-1$ 个元素进行同样的操作，使次大的元素被安置到第 $n-1$ 个元素的位置上。重复以上过程，直到没有元素需要交换为止。

以数据序列{9,8,3,5,0}为例，冒泡排序法的过程如下。

初始序列	9	8	3	5	0	
第一趟排序	8	3	5	0	**9**	比较 4 次，9 沉到未排序序列尾部
第二趟排序	3	5	0	**8**	**9**	比较 3 次，8 沉到未排序序列尾部
第三趟排序	3	0	**5**	**8**	**9**	比较 2 次，5 沉到未排序序列尾部
第四趟排序	0	**3**	**5**	**8**	**9**	比较 1 次，3 沉到未排序序列尾部

6.2 二维数组

二维数组的数组名后有两对方括号，即有两个下标。若有 3 对方括号，就是带 3 个下标的三维数组。本书只介绍二维数组的使用。

二维数组的数组元素可以看作按行和列排成一个平面的一组下标变量。

6.2.1 二维数组的定义

二维数组的定义格式如下。

```
数据类型 数组名[常量表达式 1] [常量表达式 2];
```

常量表达式 1 表示数组的行数，常量表达式 2 表示数组的列数。数组元素个数为常量表达式 1 与常量表达式 2 的乘积。

例如：

```
int a[2][3];          //定义了一个 2 行 3 列的二维整型数组，一共有 6 个元素
float b[3][3];        //定义了一个 3 行 3 列的二维浮点型数组，一共有 9 个元素
char [3][50];         //定义了一个 3 行 50 列的二维字符型数组，一共有 150 个元素
```

二维数组的定义格式说明如下。

(1) 和一维数组相同，二维数组的行、列下标都从 0 开始。如有定义 int a[2][3]，则其中的 6 个元素分别是 a[0][0]、a[0][1]、a[0][2]、a[1][0]、a[1][1]、a[1][2]。

数组的行和列最大下标为行数与列数减 1，使用二维数组时，注意下标不能越界。

(2) 二维数组同样不能动态定义。

(3) 二维数组概念上是二维的，实际存储时，二维数组在内存中是按行、连续、线性存放，即按行排列，存完一行元素之后顺序存入下一行各个元素。

6.2.2 二维数组元素的引用

引用二维数组元素的一般格式如下。

```
数组名[行下标][列下标];
```

无论是一维数组还是二维数组,都不能对数组进行整体引用,只能访问单个具体元素。

【例 6.7】 二维数组元素的引用。

```
#include <stdio.h>
main()
{
    int a[2][3],i,j;
    printf("请输入 2 行 3 列数组元素值:\n");
    for(i=0;i<2;i++)
        for(j=0;j<3;j++)
            scanf("%d",&a[i][j]);
    printf("这个二维数组是:\n");
    for(i=0;i<2;i++)
    {
        for(j=0;j<3;j++)
            printf("%5d",a[i][j]);
        printf("\n");
    }
}
```

程序运行结果:

```
请输入 2 行 3 列数组元素值:
1 2 3 4 5 6
这个二维数组是:
    1    2    3
    4    5    6
```

程序解读:

二维数组元素是用双下标进行区分的变量,与普通变量等价,可以按使用普通变量的方式使用二维数组元素。二维数组元素行、列下标规律递增,因此可以使用循环嵌套的方式控制数组元素下标,从而方便地进行二维数组元素的存取。

6.2.3 二维数组元素的初始化

二维数组元素的初始化有以下 3 种方式。

1. 定义数组时全部初始化

例如：

```
int a[2][3] = {{1,2,3},{4,5,6}};
int a[ ][3] = {{1,2,3},{4,5,6}};
int a[2][3] = {1,2,3,4,5,6};
int a[ ][3] = {1,2,3,4,5,6};
```

以上4种方式等价，初始化之后各元素值为 a[0][0]=1、a[0][1]=2、a[0][2]=3、a[1][0]=4、a[1][1]=5、a[1][2]=6。

定义二维数组时全部初始化，可以省略行下标，但不能省略列下标。

2. 定义数组时部分初始化

例如：

```
int a[2][3] = {{1,2},{3}};
```

执行该语句后，a[0][0]=1、a[0][1]=2、a[1][0]=3。其他未被赋值的变量自动为0。部分初始化时，不能省略行下标以及给各行元素赋值的大括号“{}”。

3. 定义数组之后再初始化

例如：

```
int a[2][3];
```

定义数组之后再初始化，只能对数组元素逐个进行操作：

```
a[0][0] = 1;a[0][1] = 2;a[0][2] = 3;a[1][0] = 4;a[1][1] = 5;a[1][2] = 6;
```

试图写成“a={{1,2,3},{4,5,6}};”或者“a[2][3]= {{1,2,3},{4,5,6}};”均是语法错误。

6.2.4 二维数组的应用

【例6.8】 用随机数为一个3行3列的二维数组赋值，分别求其两条对角线元素之和。

```
#include <stdio.h>
#include <time.h>
#include <stdlib.h>
```

```
#define N 3
#define M 3
main()
{
    int a[N][M],i,j,sum1,sum2;
    srand((int)time(NULL));
    for(i = 0;i < N;i++)
        for(j = 0;j < M;j++)
            a[i][j] = rand() % 100;
    printf("二维数组是:\n");
    for(i = 0;i < N;i++)
    {
        for(j = 0;j < M;j++)
            printf("\t%d",a[i][j]);
        printf("\n");
    }
    for(i = 0,sum1 = 0;i < N;i++)
        sum1 += a[i][i];
    for(i = 0,sum2 = 0;i < N;i++)
        sum2 += a[i][N-1-i];
    printf("对角线元素和分别是: %d,%d\n",sum1,sum2);
}
```

程序运行结果:

```
二维数组是:
        86      91      28
        92      23      36
        28      18      70
对角线元素和分别是:179,79
```

【例 6.9】 有一个 3 行 4 列的二维数组,求其最小值以及该最小值所在的行和列。

```
#include <stdio.h>
#include <time.h>
#include <stdlib.h>
#define N 3
#define M 4
main()
{
    int a[N][M],i,j,min,posx,posy;
    srand((int)time(NULL));
    for(i = 0;i < N;i++)
        for(j = 0;j < M;j++)
            a[i][j] = rand() % 100;
```

```
    printf("二维数组是: \n");
    for(i = 0;i < N;i++)
    {
        for(j = 0;j < M;j++)
            printf("\t%d",a[i][j]);
        printf("\n");
    }
    min = a[0][0];
    posx = 1,posy = 1;
    for(i = 0;i < N;i++)
        for(j = 0;j < M;j++)
        if(min > a[i][j])
        {
            min = a[i][j];
            posx = i + 1,posy = j + 1;
        }
    printf("二维数组最小值是: %d\n 在第 %d 行,第 %d 列\n",min,posx,posy);
}
```

程序运行结果:

```
二维数组是:
        71      58      54      18
        93      4       34      27
        63      16      13      33
二维数组最小值是: 4
在第 2 行,第 2 列
```

程序解读:

二维数组最大值和最小值查询与一维数组相似。以上程序中,先假定第一个元素 a[0][0]是最小值,用 min 记录下这个元素的值,并记录下它所在的行和列;把这个 min 值与数组中其他元素逐一比较,如果这个 min 值大于后面某个元素的值,则之前的假定不成立,min 应记录下当前这个元素的值,并记录下它所在的行和列。

6.3 字符数组

用于存放字符型数据的数组就是字符数组。字符数组的定义、初始化、数组元素的引用与一般数值数组类似。但字符数组与一般数值数组不同的是它可以整体操作,也就是说把整个字符数组看成一个对象来使用,即用于存放字符串。

字符串是用双引号括起来的若干字符序列,包括字母、数字、符号和转义字符。为了方便处理字符串,C 语言规定以\0(ASCII 码为 0 的字符)作为字符串的结束标志。字符串结束标志也是一个字符,占用 1 字节存储空间,但它不是字符串的内容。

6.3.1 字符数组的定义

字符数组的定义与前面介绍的数组定义类似,格式如下。

```
char 数组名[常量表达式];
```

例如:

```
char ch[5];     //定义了一个字符型数组 ch,包含 5 个元素
```

6.3.2 字符数组元素的初始化

字符数组元素的初始化有两种方式。

1. 用字符常量初始化

(1) 全部初始化,例如:

```
char ch[5] = {'a','b','c','d','e'};
char ch[] = {'a','b','c','d','e'};
```

以上两种方式等价,ch[0]~ch[4]依次被赋值为'a'~'e'。定义字符数组时对所有变量初始化可以省略数组长度。

(2) 部分初始化,例如:

```
char ch[5] = {'a','b'};
```

初始化之后,ch[0]= 'a'、ch[1]='b',其他未被初始化的变量自动为\0。

2. 用字符串常量初始化

例如:

```
char ch[5] = { "abcd" };
char ch[5] =  "abcd";
char ch[] = "abcd";
```

为字符数组赋字符串时,系统会自动在字符串末尾添加结束标志\0,因此 4 个字符的字符串要占用 5 字节存储空间。如果所需的字符数组只有 5 个元素,如上面的例子,定义数组时可以省略数组长度。

当需要的数组元素较多而所赋的字符串长度较短时,不能省略数组长度。例如:

```
char ch[50] = "my string";      //所有未被赋值的元素自动为\0
```

6.3.3 字符数组的应用

字符数组元素的引用与数值数组元素的引用方法相同。而如果把字符数组当作一个整体进行输入/输出操作，则要使用格式字符%s。由于数组名就是数组在内存的首地址，因此输入/输出直接使用数组名，不用再取地址。

【例 6.10】 输入一串字符，统计其中小写字母的个数。

```
#include <stdio.h>
#define N 20
main()
{
    char s[N],ch;
    int i;
    printf("请输入一串字符:");
    scanf("%s",s);
    for(i=0,ch=0;s[i]!='\0';i++)
        if(s[i]>='a'&&s[i]<='z')      //字符型数组元素引用方式与数值数组相同
            ch++;
    printf("小写字母一共有%d个\n",ch);
}
```

程序运行结果 1:

```
请输入一串字符:fd78HJFI456ds
小写字母一共有 4 个
```

程序运行结果 2:

```
请输入一串字符:This is a test
小写字母一共有 3 个
```

程序解读:

scanf()函数把回车及空格都作为字符串的结束标志，因此，输入的字符串中不能包含空格。如上例第二次运行时，单词 This 之后有空格，实际输入数组 s 中的字符串只有"This"，因此统计出小写字母只有 3 个。要解决这个问题，可以使用字符串处理函数。

6.3.4 字符串函数

C 语言中提供了一些用来处理字符串的函数，使用这些函数可大大减轻编程的负担。字符串函数定义在头文件<string.h>中，使用这些函数要在程序前面加上#include <string.h>。下面介绍几个常用的字符串函数。

1. 字符串输入函数 gets()

格式：

```
gets(str);
```

功能：从键盘上输入一个字符串，并得到一个返回值，返回值是字符数组的起始地址。

例如：

```
char s[50];
gets(s);
```

从键盘输入 This is a test↙，字符串"This is a test"存入数组 s，并将数组 s 的起始地址作为函数值返回。一般情况下，只关心 gets()函数输入的字符串本身，而不太关心它的返回值。

2. 字符串输出函数 puts()

格式：

```
puts(str);
```

功能：把字符数组中以\0 为结束标志的字符串输出到显示器。

例如：

```
puts("输出字符串常量");
char s[50] = "abcdefghijklmn";
puts(s);
```

【例 6.11】 输入、输出字符串。

```
#include <stdio.h>
#include <string.h>
#define N 50
main()
{
    char str[N];
    puts("请任意输入一串字符：");
    gets(str);
    puts("原样输出你刚才输入的字符：");
    puts(str);
}
```

程序运行结果：

```
请任意输入一串字符:
how to use string? 2017
原样输出你刚才输入的字符:
how to use string? 2017
```

3. 求字符串长度函数 strlen()

格式：

```
strlen(str);
```

功能：得到字符串的实际长度(不含字符串结束标志\0)，并作为函数返回值。

例如：

```
int len;
char s[50] = "abcdefghijklmn";
len = strlen("fjd\n89 90\tfjdGHF\0JKFD");
len = strlen(s);
```

【例 6.12】 获得输入字符串的长度。

```
#include <stdio.h>
#include <string.h>
#define N 50
main()
{
    char str[N];
    int len;
    puts("请任意输入一串字符: ");
    gets(str);
    len = strlen(str);
    printf("字符串长度是: %d\n",len);
}
```

程序运行结果：

```
请任意输入一串字符:
online test.OK 1234
字符串长度是: 19
```

4. 字符串复制函数 strcpy()

格式：

```
strcpy(str1,str2);
```

功能：将字符串 str2 复制到 str1 中，并覆盖 str1 原有的内容。注意 str1 必须足够长以容纳 str2 的内容。

例如：

```
char s1[20] = "abcdefg",s2[20] = "ABC789";
strcpy(s1,s2);
strcpy(s1,"123456");
```

5. 字符串连接函数 strcat()

格式：

```
strcat(str1,str2);
```

功能：将字符串 str2 复制到 str1 的后面，并删去 str1 后面原来的结束标志\0。注意 str1 必须足够长以容纳 str1 和 str2 连接之后的内容。

例如：

```
char s1[20] = "abcdefg",s2[20] = "ABC789";
strcat(s1,s2);
strcat(s1,"123456");
```

【例 6.13】 "＋86"是中国的国际区号。请任意输入一个手机号，输出它的国际通信号码。

```
#include <stdio.h>
#define N 20
main()
{
    int phone1[N],phone2[N];
    puts("请输入一个手机号：");
    gets(phone1);
    strcpy(phone2,"+86");
    strcat(phone2,phone1);
    puts("该手机国际通信号码：");
    puts(phone2);
}
```

程序运行结果：

```
请输入一个手机号:
18912345678
该手机国际通信号码:
+8618912345678
```

6. 字符串比较函数 strcmp()

格式：

```
strcmp(str1,str2);
```

功能：按照 ASCII 码顺序比较两个数组中的字符串，并返回比较结果。

若 str1=str2，则返回值等于 0；

若 str1>str2，则返回值大于 0；

若 str1<str2，则返回值小于 0。

例如：

```
if(strcmp("abcd","Abcdef")>0)
    printf("第一个字符串大于第二个字符串");
else if(strcmp("abcd","Abcdef")<0)
    printf("第一个字符串小于第二个字符串");
else
    printf("第一个字符串等于第二个字符串");
```

【例 6.14】 输入 5 个姓名，排序之后输出。

```
#include <stdio.h>
#include <string.h>
#define N 5
#define M 20
main()
{
    char name[N][M],tmp[M];
    int i,j;
    printf("请任意输入%d个姓名:\n",N);
    for(i=0;i<N;i++)
        gets(name[i]);
    for(i=1;i<N;i++)
        for(j=0;j<N-i;j++)
            if(strcmp(name[j],name[j+1])>0)
```

```
            {
                strcpy(tmp,name[j]);
                strcpy(name[j],name[j+1]);
                strcpy(name[j+1],tmp);
            }
    puts("排序之后：");
    for(i=0;i<N;i++)
        printf(" %s ",name[i]);
}
```

程序运行结果：

```
请任意输入5个姓名：
LiuXin
ZhangTao
ChenPeng
JiangWen
TongLu
排序之后：
ChenPeng JiangWen LiuXin TongLu ZhangTao
```

习题 6

一、选择题

1. 以下程序的输出结果是(　　)。

```
char s[] = "\\141\141abc\t";
printf (" %d\n",strlen(s));
```

A. 9　　B. 12　　C. 13　　D. 14

2. 以下程序的输出结果是(　　)。

```
main()
{
    char cf[3][5] = {"AAAA","BBB","CC"};
    printf("\" %s\"\n",ch[1]);
}
```

A. "AAAA"　　B. "BBB"　　C. "BBBCC"　　D. "CC"

3. 以下不能正确进行字符串赋初值的语句是(　　)。

A. char str[5]="good!";　　B. char str[]="good!";

C. char *str="good!";　　D. char str[5]={'g','o','o','d'};

4. 若有定义 int aa[8],则以下表达式中不能代表数组元素 aa[1]的地址的是(　　)。

A. &aa[0]+1　　B. &aa[1]　　C. &aa[0]++　　D. aa+1

5. 以下程序的输出结果是(　　)。

```
main()
{
    int b[3][3] = {0,1,2,0,1,2,0,1,2},i,j,t = 1;
    for(i = 0;i < 3;i++)
    for(j = i;j <= i;j++) t = t + b[b[j][j]];
    printf(" % d\n",t);
}
```

A. 3　　B. 4　　C. 1　　D. 9

6. 以下程序的输出结果是(　　)。

```
main()
{
    char a[ ] = {'a','b','c','d', 'e', 'f', 'g','h','\0'}; int i,j;
    i = sizeof(a); j = strlen(a);
    printf(" % d, % d\b",i,j);
}
```

A. 9,9　　B. 8,9　　C. 1,8　　D. 9,8

7. 以下程序的输出结果是(　　)。

```
main()
{
    int aa[4][4] = {{1,2,3,4},{5,6,7,8},{3,9,10,2},{4,2,9,6}};
    int i,s = 0
    for(i = 0;i < 4;i++) s += aa[1];
    printf(" % d\n",s);
}
```

A. 11　　B. 19　　C. 13　　D. 20

8. 以下程序的输出结果是(　　)。

```
main()
{
    int p[7] = {11,13,14,15,16,17,18},i = 0,k = 0;
    while(i < 7&&p % 2){k = k + p;i++;}
    printf(" % d\n",k);
}
```

A. 58　　B. 56　　C. 45　　D. 24

9. 以下能正确定义数组并正确赋初值的语句是(   )。

A. int N=5,b[N][N];
B. int a[1][2]={{1},{3}};
C. int c[2][]={{1,2},{3,4}};
D. int d[3][2]={{1,2},{34}};

10. 以下程序的输出结果是(   )。

```
main()
{
    int m[][3] = {1,4,7,2,5,8,3,6,9};
    int i,j,k = 2;
    for(i = 0;i < 3;i++)
    { printf(" % d",m[k]); }
}
```

A. 4 5 6　　B. 2 5 8　　C. 3 6 9　　D. 7 8 9

11. 以下程序的输出结果是(   )。

```
main()
{
    char s[] = "\n123\\";
    printf(" % d, % d\n",strlen(s),sizeof(s));
}
```

A. 赋初值的字符串有错
B. 6,7
C. 5,6
D. 6,6

12. 以下不能正确定义二维数组的语句是(   )。

A. int a[2][2]={{1},{2}};
B. int a[][2]={1,2,3,4};
C. int a[2][2]={{1},2,3};
D. int a[2][]={{1,2},{3,4}};

13. 以下能正确定义一维数组的语句是(   )。

A. int num[];
B. #define N 100
int num[N];
C. int num[0..100];
D. int N=100;
int num[N];

14. 若有定义 int b,char c[10],则正确的输入语句是(   )。

A. scanf("%d%s",&b,&c);
B. scanf("%d%s",&b, c);
C. scanf("%d%s",b, c);
D. scanf("%d%s",b,&c);

15. 以下程序的输出结果是(   )。

```
main()
{
    int p[8] = {11,12,13,14,15,16,17,18},i = 0,j = 0;
    while(i++< 7) if(p % 2) j += p;
```

```
    printf("%d\n",j);
}
```

A. 42　　B. 45　　C. 56　　D. 60

16. 若有定义 char a[]="xyz",b[]={'x','y','z'},以下叙述中正确的是(　　)。

A. 数组 a 和 b 的长度相同　　B. a 数组长度小于 b 数组长度

C. a 数组长度大于 b 数组长度　　D. 上述说法都不对

17. 有以下程序:

```
main()
{
    int num[4][4] = {{1,2,3,4},{5,6,7,8},{9,10,11,12},{13,14,15,16}},i,j;
    for(i = 0;i < 4;i++)
    {
        for(j = 0;j <= i;j++) printf("%4c",' ');
        for(j = _____;j < 4;j++) printf("%4d",num[j]);
        printf("\n");
    }
}
```

若要按以下形式输出数组右上半三角:

```
1 2 3 4
6 7 8
11 12
16
```

则在程序下划线处应填入的是(　　)。

A. i−1　　B. i　　C. i+1　　D. 4−i

18. 以下程序的输出结果是(　　)。

```
main()
{
    int i,t[][3] = {9,8,7,6,5,4,3,2,1};
    for(i = 0;i < 3;i++) printf("%d",t[2 - i][i]);
}
```

A. 7 5 3　　B. 3 5 7　　C. 3 6 9　　D. 7 5 1

19. 若有定义 int m[]={5,4,3,2,1},i=4,则以下选项中对 m 数组元素引用错误的是(　　)。

A. m[−−i]　　B. m[2*2]　　C. m[m[0]]　　D. m[m[i]]

20. 若有定义 int a[2][3],则以下选项中对 a 数组元素引用正确的是(　　)。

A. a[2][!1]　　B. a[2][3]　　C. a[0][3]　　D. a[1>2][!1]

二、编程题

1. 有一个一维数组 a[10]={6,9,10,223,56,156,745,48,15,16},从键盘任意输入一个数,查找这个数是否包含在这个数组中,如果包含,输出位置。

2. 从键盘任意输入一个一维数组,找出这个一维数组中最大的数。

3. 用随机数函数为一个 4 行 5 列的二维数组赋值,查找这个数组是否有鞍点,如果有,打印鞍点及鞍点所在的行和列。

4. 从键盘任意输入一个字符串,求这个字符串的长度,并统计这个字符串中字母、数字、空格和特殊字符的数量。

5. 从键盘任意输入一个字符串,把这个字符串中的数字取出来组成一个新的字符串,如果这个新的字符串长度小于 6,则把它转换为一个整数并输出。

第 7 章

函 数

学习目标

1. 了解函数的概念。
2. 掌握函数的定义格式。
3. 掌握函数的调用方法。
4. 掌握函数的嵌套与递归。
5. 了解变量的作用域与存储类型。

C语言的程序由函数组成，函数是C语言程序的基本单位。在C语言中，函数是实现模块化程序设计的工具。使用函数可使程序的层次结构清晰，便于程序的编写、阅读、调试及后期维护。在每个C语言源程序中，必须有且只有一个主函数main()，所有程序的执行都从main()函数开始，也在main()函数结束。除主函数之外，C语言程序可以使用的函数有库函数和用户自定义函数。库函数由系统提供，在编程时加入包含文件的#include预处理命令，用户就可以直接使用；用户自定义函数需要使用者自己编写代码实现其功能。本章主要介绍用户自定义函数。

7.1 函数的定义与调用

在C语言中，一个程序可以由一个主函数和多个其他函数构成。主函数调用其他函数，其他函数也可以相互调用，一个函数可以被一个或多个函数调用，如图7.1所示。

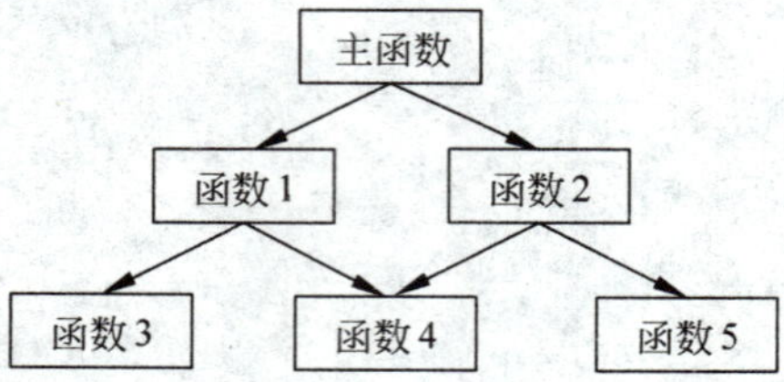

图7.1 C语言程序中的函数调用

用户自定义函数需要用户根据自己的需求定义实现。

7.1.1 函数的定义

定义函数的一般格式如下。

```
返回值类型 函数名(形参列表)
{
    声明部分
    语句部分
}
```

函数的定义格式说明如下。

(1) 返回值类型。函数一般都有一个返回值，要显式声明类型。函数返回值类型可以是基本类型、枚举类型、指针类型、结构类型、void类型等。函数返回值类型由用户需求决定，在函数定义时显式声明，函数中return语句的表达式值的类型与返回值类型不一致时，以返回值类型为准，对数据类型进行自动转换。若函数没有返回值，则声明为void类型。

(2) 函数名。函数名要符合标识符命名要求，是能唯一标识函数的名字，不允许同名。函数名最好做到“见名知意”，以增强程序的可读性。

(3) 形参列表。函数的形参列表是可选参数,无形参列表的函数叫无参函数。无参函数不需要接收参数即可完成指定操作。

在函数定义时,有形参列表的函数叫有参函数,必须给它传入相应的参数才能完成指定操作。形参列表中的参数称为形式参数,简称形参。在进行函数调用时,主调函数将赋予这些形参实际的值,主调函数的参数称为实际参数,简称实参。形参是变量,必须在形参列表中给出形参的类型说明,形参类型可以是基本类型、枚举类型、指针类型、结构类型和数组等。其一般格式如下。

```
(类型名 1 变量名 1,类型名 2 变量名 2,类型名 3 变量名 3,…)
```

(4) 函数体。函数体由声明部分和语句部分组成,与主函数 main()类似,是函数要实现的功能部分。

需要特别注意的是,函数不能嵌套定义,即不能在函数体内部再定义函数。但函数可以嵌套调用。

7.1.2 函数的声明与调用

1. 函数的声明

当函数定义在主调函数之后且函数的返回值类型不是 int 型时,则在调用前应先对被调函数进行声明。函数声明的目的是通知编译系统被调函数的属性,以便在函数调用时检查调用是否正确。函数声明的一般格式如下。

```
返回值类型 函数名(参数类型表);
```

例如:

```
float sum(float,float);          //函数的声明语句,声明时可以只声明形参类型而不写形参名称
main()
{
    float a = 3.4,b = 7.8;
    float s;
    s = sum(a,b);
    printf("s = %f\n",s);
}
float sum(float x,float y)       //函数定义在主调函数之后,且返回值类型不是 int 型
{
    return x + y;
}
```

2. 函数的调用

使用已经定义好的函数，称为函数的调用。如果函数 A 调用函数 B，则称函数 A 为主调函数，函数 B 为被调函数。调用发生时，系统会转移去执行被调函数，被调函数执行完毕后，返回到主调函数的调用处继续执行之后的语句，如图 7.2 所示。

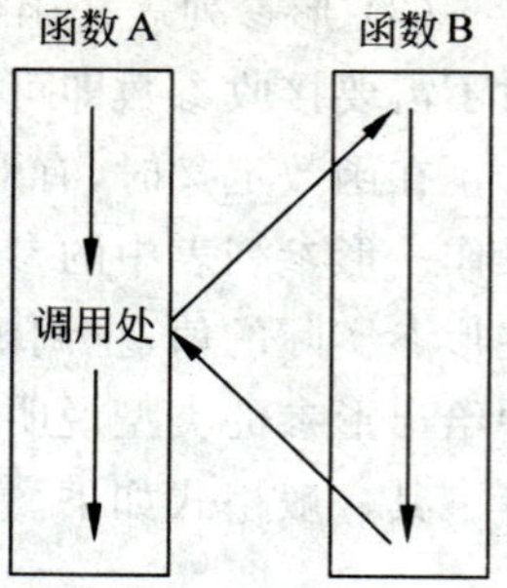

图 7.2 函数的调用

函数调用按其在程序中出现的位置来分，有语句调用、参数调用和表达式调用 3 种方式。

【例 7.1】 输出如下图案（函数的语句调用）。

```
***********************************
        How are you!
***********************************
#include <stdio.h>
void printstar();
main()
{
    printstar();      //函数以语句的方式出现，称为语句调用.语句调用不要求函数有返回值
    printf("\tHow are you!\n");
    printstar();
}
void printstar()
{
    printf("*******************************\n");
}
```

程序运行结果：

```
*****************************
        How are you!
*****************************
```

程序解读：

把函数调用作为一条语句，称为函数的语句调用。这种调用形式不要求函数有返回值，只需要函数完成一定的操作或实现一定的功能。在本例中，函数 printstar()的功能就是在屏幕上打印一排星号，实现这个功能不需要接收任何参数，也不需要有返回值。因此 printstar()是一个无参无返回值函数。

【例 7.2】 从键盘任意输入 3 个数，输出其中最大的数（函数的参数调用）。

```
#include <stdio.h>
float max(float,float);
main()
```

```
{
    float n1,n2,n3,m;
    printf("请任意输入 3 个数:\n");
    scanf("%f%f%f",&n1,&n2,&n3);
    m = max(max(n1,n2),n3);     //函数作为函数的一个实在参数,称为参数调用
    printf("m = %f\n",m);
}
float max(float x,float y)
{
    return x > y?x:y;
}
```

程序运行结果：

```
请任意输入 3 个数:
45 89 77
m = 89.000000
```

程序解读：

把函数调用作为一个函数的实际参数，称为函数的参数调用。这种调用形式要求函数必须有返回值。本例 max()函数的功能是返回两个数中较大的那个数，它需要接收两个参数才能实现其功能。程序把 max()函数嵌入另一个 max()函数参数的位置，内层 max()函数的返回值作为一个实参，外层 max()函数将内层 max()函数返回的较大数与第三个数比较，简洁地实现了从 3 个数中查询最大值的功能。

【例 7.3】 输出 1～100 的素数(函数的表达式调用)。

```
#include <stdio.h>
#include <math.h>
int isprime(int);
main()
{
    int num,flag;
    for(num = 1;num <= 100;num++)
    {
        flag = isprime(num);    //函数出现在一个表达式中,称为表达式调用
        if(flag == 1)
            printf("%d\t",num);
    }
}
int isprime(int n)
{
    int i,flag = 1;
    for(i = 2;i < sqrt(n);i++)
        if(n % i == 0)
```

```
        {
            flag = 0;
            break;
        }
    return flag;
}
```

程序运行结果：

```
1       2       3       4       5       7       9       11      13      17
19      23      25      29      31      37      41      43      47      49
53      59      61      67      71      73      79      83      89      97
```

程序解读：

函数调用出现在一个表达式中，称为函数的表达式调用。这种调用形式要求函数必须要有返回值。本例中函数 isprime()与 flag 组成一个赋值表达式，函数 isprime()将素数的判断结果返回并赋给变量 flag，主程序根据该判断结果输出相应的信息。

7.1.3 参数传递

对于有参函数，在调用函数时使用的参数称为实际参数，简称实参；在定义函数时设定的参数称为形式参数，简称形参。

使用有参函数，存在实参与形参之间参数的传递过程。在函数未被调用时，函数的形参并不占有实际的存储单元，也没有实际值，只有当函数被调用时，系统才为形参分配存储单元，并将实参的值传递给形参，从而实现主调函数向被调函数的数据传送。函数调用结束时，形参立刻释放所分配的内存单元。函数实参可以是常量、变量或表达式，但不论什么形式，要求它们必须有确定的值。

实参传值给形参，必须满足类型匹配、个数相同和顺序一致的原则。其中，类型匹配是指类型相同或类型不同但赋值兼容，即类型不同时可以将实参的值按类型的自动转换规则进行转换然后赋值给形参。

例如，如果实参为整型而形参为浮点型，或者相反，则可以把实参的值转换为形参的类型之后赋值，只是浮点型转换为整型的过程中可能会有数据精度的丢失。

在简单变量作实参的函数调用中，只能将实参的值传递给形参，形参的值不能反向传递回实参，这种传递是单向的，叫值传递。

【例 7.4】 输入两个数，交换这两个数并输出。

```
#include <stdio.h>
void swap(int, int);
main()
{
    int num1 = 67, num2 = 33;
```

```
    printf("交换之前: num1 = %d,num2 = %d\n",num1,num2);
    swap(num1,num2);
    printf("交换之后: num1 = %d,num2 = %d\n",num1,num2);
}
void swap(int n1,int n2)
{
    int tmp;
    printf("交换之前: n1 = %d,n2 = %d\n",n1,n2);
    tmp = n1;n1 = n2;n2 = tmp;
    printf("交换之后: n1 = %d,n2 = %d\n",n1,n2);
}
```

程序运行结果：

```
交换之前: num1 = 67,num2 = 33
交换之前: n1 = 67,n2 = 33
交换之后: n1 = 33,n2 = 67
交换之后: num1 = 67,num2 = 33
```

程序解读：

程序运行结果显示，主程序在调用 swap()函数时，将实参 num1 和 num2 的值传递给了形参 n1 和 n2，swap()函数的确交换了两个形参 n1 和 n2 的值，但它并不能改变主函数 main()中实参 num1 和 num2 的值。这就是值传递。

7.1.4　函数的返回值

函数的返回值是指函数被调用之后，执行函数体中的程序段所取得的结果，通过 return 语句反馈给调用者的值。

return 语句的一般格式如下。

```
return 表达式;
```

或者

```
return (表达式);
```

例如：

```
return flag;
return 33 * 5;
return a > 0?a: - a;
```

一个函数可以有多条 return 语句，但每次调用只能有一条 return 语句被执行，所以只会有一个返回值。若需要从被调函数中获取多个执行结果，则不能使用 return 语句返回值。

函数一旦执行到 return 语句，不管后面有没有代码，函数立即结束运行，将值返回。例如：

```
int max(int a,int b)
{
    if(a>b)
        return a;
    return b;
}
```

函数 max()的功能是返回 a 和 b 中较大的数据，其中的 if 语句不需要使用 else，因为当条件 a>b 成立时，执行了"return a;"语句，max()函数结束运行，不会再执行"return b;"语句；只有当条件 a>b 不成立，没有执行"return a;"语句时，"return b;"语句才得以执行。

没有返回值的函数为空类型，用 void 进行说明。例如：

```
void fun()
{
    printf("Hello world!\n");
}
```

一旦函数的返回值类型被定义为 void，就只能使用语句调用形式，不能再使用参数调用或表达式调用形式了。例如，下面的语句是错误的：

```
int a = fun();
```

为了使程序有良好的可读性并减少出错，凡不要求返回值的函数都应定义为 void 类型。

7.2 函数的嵌套调用与递归调用

7.2.1 函数的嵌套调用

C 语言中各个函数之间是平行的，不存在上一级函数和下一级函数的问题，函数不能嵌套定义，即不能在函数体内再定义函数，但可以嵌套调用。

图 7.3 演示了两层嵌套的情形。其执行过程是，执行 main()函数过程中调用了 A 函数，系统转向去执行 A 函数，在 A 函数中又调用 B 函数时，转去执行 B 函数，B 函数执行完毕返回 A 函数的断点继续向下执行，A 函数执行完毕返回 main()函数的断点继续向下执行。

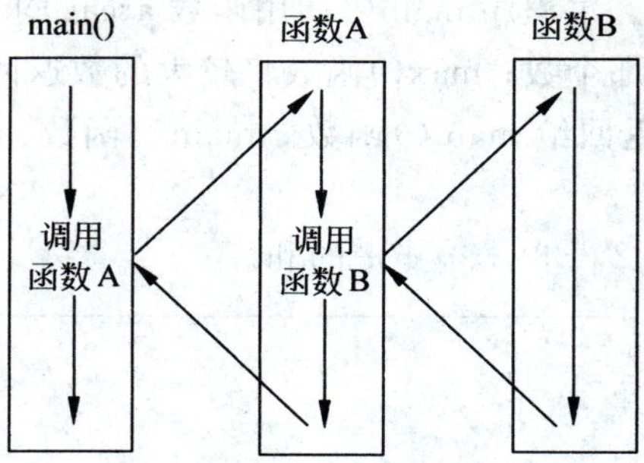

图 7.3 函数的嵌套调用

【例 7.5】 输入两个数，用较大的数作半径，求圆的面积。

```
#include <stdio.h>
#define PI 3.14
double area(double,double);
double max(double,double);
main()
{
    double num1,num2,s;
    printf("请输入两个数: \n");
    scanf("%lf%lf",&num1,&num2);
    s = area(num1,num2);
    printf("s= %.2lf\n",s);
}
double area(double n1,double n2)
{
    double r;
    r = max(n1,n2);
    return PI*r*r;
}
double max(double n1,double n2)
{
    return n1>n1?n1:n2;
}
```

程序运行结果：

```
请输入两个数:
5
10
s = 314.00
```

程序解读：

以上程序要实现的功能主要有两个：求两个数中较大者与求圆面积，这两个功能分别由函数 max()和 area()实现。主程序 main()调用函数 area()求圆面积；函数 area()调用函数 max()求两个数中较大的那个数；max()函数将较大的数返回给 area()函数作圆的半径；area()函数求得圆面积之后返回给 main()函数。main()函数、area()函数、max()函数三者构成嵌套调用的关系。

【例 7.6】 编程，求 $1^k+2^k+3^k+\cdots+n^k$ 的和。

```
#include <stdio.h>
main()
{
    int n,k,sum;
    printf("请输入 n,k 的值: \n");
    scanf("%d%d",&n,&k);
    sum = add(n,k);
    printf("sum = %d\n",sum);
}
int add(int n,int k)
{
    int i,s;
    for(i = 1,s = 0;i <= n;i++)
        s = s + powerk(i,k);
    return s;
}
int powerk(int i,int k)
{
    int j,p;
    for(j = 1,p = 1;j <= k;j++)
        p = p * i;
    return p;
}
```

程序运行结果：

```
请输入 n,k 的值:
5 2
sum = 55
```

程序解读：

程序要实现的功能主要有两个，求幂值及幂值的累加，分别由函数 powerk()和函数 add()实现。主程序调用 add()函数求指数表达式的累加和；add()函数调用 powerk()函数求每一个幂值；add()函数将 powerk()函数的返回值累加之后返回给 main()函数。main()函数、add()函数、powerk()函数三者构成嵌套调用的关系。

7.2.2 函数的递归调用

在调用一个函数的过程中，直接或间接地调用该函数自身，称为函数的递归调用，如

图 7.4 所示。C 语言允许函数的递归调用。在递归调用中，主调函数又是被调函数。构造递归算法的基本思路是，将一个问题求解转化为一个新问题，而求解新问题的方法与求解原问题的方法相同。求解新问题往往是求解原问题的一小步，但通过这种转化过程就能最终达到求解原问题的目标。递归算法必须有结束递归的条件，否则会陷入死循环。

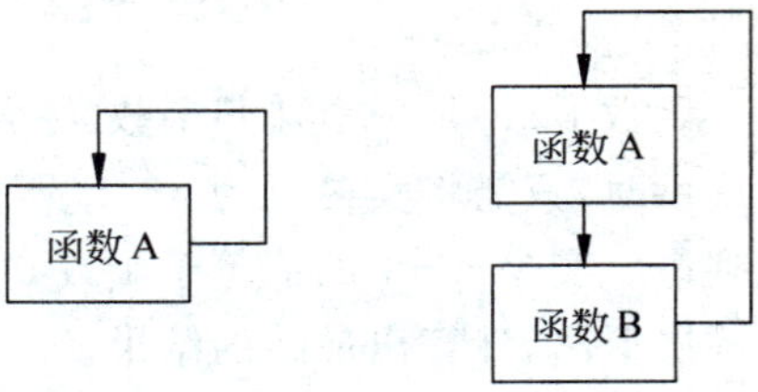

(a) 直接递归　　(b) 间接递归

图 7.4　函数的递归调用

递归算法简洁，但占用内存空间较大，效率较低，递归次数过多会造成堆栈溢出。虽然递归算法存在上述缺点，但在解决某些特定问题时，递归算法也有其优势。

【例 7.7】 从键盘输入 n 的值，求 n!。

```
#include <stdio.h>
int fac(int);
main()
{
    int n,f;
    printf("请输入一个数:");
    scanf("%d",&n);
    f = fac(n);
    printf("f = %d\n",f);
}
int fac(int n)
{
    int f;
    if(n == 1)
        f = 1;
    else
        f = n * fac(n - 1);
    return f;
}
```

程序运行结果：

```
请输入一个数:5
f = 120
```

程序解读：

求 n 的阶乘，展开的计算表达式是 $n! = n\times(n-1)\times(n-2)\times(n-3)\times\cdots\times1$。

可以得出 $n! = n\times(n-1)!$，于是 $n!$ 的问题转换为 $n\times(n-1)!$ 的新问题；同理 $(n-1)! = (n-1)\times(n-2)!$，解决新问题的模式与解决原问题的模式相同，这就是递归的模式，递归公式如下：

$$n! = \begin{cases} n \times (n-1)! & n > 1 \\ 1 & n = 0,1 \end{cases}$$

函数 fac()是一个递归函数，主函数调用 fac()函数后就进入 fac()函数的执行，每次递归调用时，只需将实参改为 n－1，即把 n－1 的值赋给形参 n，所以每次递归实参的值都减 1，直到最后实参 n－1 的值等于 1 或 0 时，传值给形参，使形参 n 的值也为 1 或 0，递归终止，程序逐层退出，计算出最终的结果。

举例来说，设执行本程序时输入为 5，即求 5!。在主函数中的调用语句即为 f=fac(5)，进入 fac()函数后，由于 n=5，不等于 0 或 1，故应执行 f=fac(n－1) * n，即 f=fac(5－1) * 5。该语句递归调用函数 fac()，传递的实参值为 4。

如此进行 4 次递归调用后，fac()函数形参取得的值变为 1，故不再继续递归调用而开始逐层返回主调函数。fac(1)的返回值为 1，fac(2)的返回值为 1×2=2，fac(3)的返回值为 2×3=6，fac(4)的返回值为 6×4=24，最后返回值 fac(5)为 24×5=120。

【例 7.8】 已知递推公式

$$F(n,1) = F(n-1,2) + 2F(n-3,1) + 5$$
$$F(n,2) = F(n-1,1) + 3F(n-3,1) + 2F(n-3,2) + 3$$

的初始值为

$$F(1,1) = 2$$
$$F(1,2) = 3$$
$$F(2,1) = 1$$
$$F(2,2) = 4$$
$$F(3,1) = 6$$
$$F(3,2) = 5$$

输入 n，输出 F(n,1)和 F(n,2)的值。

```
#include <stdio.h>
int f1(int n);
int f2(int n);
main()
{
    int n,s1,s2;
    printf("请输入一个数:");
    scanf("%d",&n);
    s1 = f1(n);
    s2 = f2(n);
    printf("F(%d,1) = %d,F(%d,2) = %d\n",n,s1,n,s2);
}
int f1(int n)
{
    int s;
    if(n == 1)
```

```
        s = 2;
    else if(n == 2)
        s = 1;
    else if(n == 3)
        s = 6;
    else
        s = f2(n - 1) + 2 * f1(n - 3) + 5;
    return s;
}
int f2(int n)
{
    int s;
    if(n == 1)
        s = 3;
    else if(n == 2)
        s = 4;
    else if(n == 3)
        s = 5;
    else
        s = f1(n - 1) + 3 * f1(n - 3) + 2 * f2(n - 3) + 3;
    return s;
}
```

程序运行结果：

```
请输入一个数:4
F(4,1) = 14,F(4,2) = 21
```

7.3 变量的作用域与存储类型

7.3.1 变量的作用域

C语言中所有变量都有自己的作用域，声明变量的位置不同，其作用域也不同。C语言中的变量，按照作用域的范围可分为两种，即局部变量和全局变量。

1. 局部变量

局部变量也称为内部变量，是在函数体内定义的变量，其作用域仅限于该函数体内，离开该函数后再使用这些变量是非法的。在复合语句内定义的变量也称为局部变量，它属于块作用域，只能在复合语句内使用该变量，复合语句执行结束后，该变量即被释放，不再存在。

例如：

```
main()
{
    int a = 2,b = 3,c;
    c = a + b;
    {
        int d;
        if(fun()> c)      //可以使用变量 c,它的作用域为 main()函数
            d = 1;
    }
    printf("%d\n",d);     //不能使用 d,因为 d 定义在复合语句中,作用域只在复合语句中
}
int fun()
{
    int a = 3,x = 2;      //可以定义名为 a 的变量,它与 main()中的 a 各自作用域不同,互不干扰
    x = a + c;            //不能使用变量 c,因为未定义,main()中定义的 c 只在 main()中起作用
    return x;
}
```

2. 全局变量

全局变量也称为外部变量,它是在函数外部定义的变量。它不属于哪一个函数,而是属于一个源程序文件,其作用域是整个源程序。在函数中使用全局变量,一般应作全局变量说明。只有在函数内经过说明的全局变量才能使用。全局变量的说明符为 extern。但在一个函数之前定义的全局变量,在该函数内使用可不再加以说明。

在同一源文件中,允许全局变量和局部变量同名。在局部变量的作用域内,全局变量不起作用。

例如:

```
int a = 10,b = 5;
main()
{
    char a = 'B';         //可以定义名为 a 的变量,在 main()内字符变量 a 起作用
    printf("%d\n",a);     //打印的是字符变量 a 的 ASCII 码值
    a = a + b;            //可以直接使用变量 b,全局变量作用域为本文件
    printf("%d\n",a);
}
```

程序运行结果:

```
a = 66
a = 71
```

外部变量可加强函数模块之间的数据联系,但是又使函数要依赖这些变量,因而使得函

数的独立性降低，函数之间的耦合度增大。从模块化程序设计的观点来看这是不利的，因此在不必要时尽量不要使用全局变量。

7.3.2 变量的存储类型

存储类型是指变量占用内存空间的方式，也称为存储方式。变量的存储类型决定了各种变量的作用域不同。变量的存储方式可分为“静态存储”和“动态存储”两种。

静态存储是指在变量定义时就为其分配存储单元并一直保持不变，直至整个程序结束。动态存储是指在程序执行过程中，使用变量时才为其分配存储单元，使用完毕立即释放。典型的例子是函数的形式参数，在函数定义时并不给形参分配存储单元，只是在函数被调用时才予以分配，调用函数完毕立即释放。如果一个函数被多次调用，则反复地分配、释放形参变量的存储单元。由此可知，静态存储变量是一直存在的，而动态存储变量则时而存在时而消失。人们又把这种由于变量存储方式不同而产生的特性称为变量的生存期。生存期表示了变量存在的时间。生存期和作用域从时间与空间这两个不同的角度来描述变量的特性，这两者既有联系，又有区别。一个变量究竟属于哪一种存储方式，并不能仅从其作用域来判断，还应有明确的存储类型说明。

在C语言中，对变量的存储类型说明有4种：auto(自动变量)、register(寄存器变量)、extern(外部变量)和static(静态变量)。

自动变量和寄存器变量属于动态存储方式，外部变量和静态变量属于静态存储方式。

1. auto(自动变量)

在函数内部定义变量时，如果未指明存储类型，则默认为auto类。也可以显式声明内部变量为auto类型。为auto类型的局部变量分配动态存储区，作用范围只限于该函数，当该函数退出后，存储空间自动释放。auto类型的变量未初始化，其值为随机值。例如：

```
void fun()
{
    auto int a,b;                    //显式声明变量为auto类型
    int c,d;                         //缺少存储类型,默认为auto类型
    …
}
```

2. register(寄存器变量)

当对一个变量频繁读/写时，必须反复访问内存储器，从而花费大量的存取时间。为此，C语言提供了另一种变量，即寄存器变量。这种变量存放在CPU的寄存器中，使用时，不需要访问内存，而是直接从寄存器中读/写，这样可提高效率。寄存器变量的说明符是register。对于循环次数较多的循环控制变量及循环体内反复使用的变量均可定义为寄存器变量。例如：

```
register int i,f = 1;
for(i = 1;i <= n;i++)
    f = f * I;
```

注意：只有局部自动变量和形式参数可以作为寄存器变量，且计算机系统中的寄存器数目有限，不能定义任意多个寄存器变量。

3. extern（外部变量）

在函数外部定义变量时，用 extern 修饰变量。它的作用范围是从定义点开始到该文件结束，或称为文件作用域。它可以被其他源文件引用，但必须先声明。在定义变量时，如果未指明存储类别，该变量的存储类别默认为 extern（在 Turbo C 中必须省略）。外部变量在执行 main()函数之前初始化，若变量未被初始化，其值为 0。例如：

```
int max(int x,int y)
{
    int z;
    z = x > y?x:y;
    return(z);
}
main()
{
    extern a,b;
    printf(" % d\n",max(a,b));
}
int a = 13,b = - 8;
```

在本程序文件的最后 1 行定义了外部变量 a、b。虽然外部变量定义的位置在函数 main()之后，但是在 main()函数中用 extern 对 a 和 b 进行了“外部变量声明”，因此 main()函数可以从“声明”处起，合法地使用该外部变量 a 和 b。

4. static（静态变量）

有时希望函数中的局部变量的值在函数调用结束后不消失而保留原值，这时就应该指定局部变量为静态局部变量，用关键字 static 进行声明。

在函数内部定义变量时，用 static 修饰的变量是静态类局部变量。它的作用范围仅限于该函数，但当该函数退出后，其内存空间不释放，其值一直保留。static 类局部变量若未初始化，其值为 0。

【例 7.9】 static(静态变量)实例。

```
#include <stdio.h>
void fun();
```

```
main()
{
    int i;
    for(i = 1;i <= 5;i++)
        fun();
}
void fun()
{
    static int s = 0;
    s++;
    printf("s = %d\t",s);
}
```

程序运行结果：

```
s = 1      s = 2      s = 3      s = 4      s = 5
```

7.4 内部函数与外部函数

函数是C语言程序的基本单位，人们常常把一个或多个函数保存为一个文件，这个文件称为C语言源文件，根据其中的函数能否被其他源文件调用，将函数分为内部函数和外部函数。

1. 内部函数

如果一个函数只能被本文件中其他函数所调用，称为内部函数。在定义内部函数时，要在函数名和函数类型的前面加 static。其定义格式如下。

```
static  返回值类型  函数名(形参表)
```

内部函数又称静态函数。使用内部函数，可以使函数只局限于所在文件，如果在不同的文件中有同名的内部函数，互不干扰。这样不同的人可以分别编写不同的函数，而不必担心所用函数是否会与其他文件中的函数同名。

2. 外部函数

在定义函数时，如果在函数类型前加关键字 extern，则表示此函数是外部函数，可供其他文件调用。其定义格式如下。

```
extern 返回值类型  函数名(形参表)
```

C语言规定，如果在定义函数时省略 extern，则默认为外部函数。在需要调用此函数的文件中，要用 extern 声明所用的函数是外部函数。

习题 7

一、选择题

1. 若程序中定义了以下函数：

```
double myadd(double a,double B)
{ return (a+B) ;}
```

并将其放在调用语句之后，则在调用之前应该对该函数进行声明，错误的声明是(　　)。

A. double myadd(double a,B);

B. double myadd(double,double);

C. double myadd(double b,double A);

D. double myadd(double x,double y);

2. 以下程序的执行结果是(　　)。

```
char fun(char x , char y)
{ if(x>y)
      return x;
  return y;
}
main( )
{ int a='9',b='8',c='7';
  printf("%c\n",fun(fun(a,b) ,fun(b,c) ));
}
```

A. 函数调用出错　　B. 8　　C. 9　　D. 7

3. 以下程序的输出结果是(　　)。

```
void f(int v , int w)
{ int t;
  t=v;v=w;w=t;
}
main( )
{ int x=1,y=3,z=2;
  if(x>y) f(x,y);
  else if(y>z) f(y,z);
  else f(x,z);
  printf("%d, %d, %d\n",x,y,z);
}
```

A. 1,2,3　　B. 3,1,2　　C. 1,3,2　　D. 2,3,1

4. 以下程序的输出结果是(　　)。

```
void swap1(int c[])
{ int t;
  t = c[0];c[0] = c[1];c[1] = t;
}
void swap2(int c0,int c1)
{ int t;
  t = c0;c0 = c1;c1 = t;
}
main( )
{ int a[2] = {3,5},b[2] = {3,5};
  swap1(a) ; swap2(b[0],b[1]);
  printf("%d %d %d %d\n",a[0],a[1],b[0],b[1]);
}
```

A. 5 3 5 3　　B. 5 3 3 5　　C. 3 5 3 5　　D. 3 5 5 3

5. 以下程序的输出结果是(　　)。

```
int a, b;
void fun()
{ a = 100; b = 200; }
  main()
{ int a = 5, b = 7;
  fun();
  printf("%d%d \n", a,b);
}
```

A. 100200　　B. 57　　C. 200100　　D. 75

6. 以下程序的输出结果是(　　)。

```
int f()
{ static int i = 0;
  int s = 1;
  s += i; i++;
  return s;
}
main()
{ int i,a = 0;
  for(i = 0;i < 5;i++) a += f();
  printf("%d\n",a);
}
```

A. 20　　B. 24　　C. 25　　D. 15

7. 若有以下程序：

```
#include <stdio.h>
void f(int n);
main()
{ void f(int n);
  f(5);
}
void f(int n)
{ printf("%d\n",n); }
```

则以下叙述中错误的是(　　)。

A. 若只在主函数中对函数 f()进行声明，则只能在主函数中正确调用函数 f()

B. 若在主函数前对函数 f()进行声明，则在主函数和其后的其他函数中都可以正确调用函数 f()

C. 对于以上程序，编译时系统会提示出错信息：对 f()函数重复声明

D. 函数 f()无返回值，所以可用 void 将其类型定义为无返回值型

8. 以下程序的执行结果是(　　)。

```
float fun(int x,int y)
{ return(x+y); }
  main()
{ int a=2,b=5,c=8;
  printf("%3.0f\n",fun((int)fun(a+c,b),a-c));
}
```

A. 编译出错　　B. 9　　C. 21　　D. 9.0

9. 以下程序的输出结果是(　　)。

```
int f(int n)
{ if (n==1) return 1;
  else return f(n-1)+1;
}
main()
{ int i,j=0;
  for(i=1;i<3;i++) j+=f(i);
  printf("%d\n",j);
}
```

A. 4　　B. 3　　C. 2　　D. 1

10. 以下程序中函数 reverse()的功能是将数组 a 中的内容进行逆置。

```
void reverse(int a[ ],int n)
{ int i,t;
```

```
  for(i = 0;i < n;i++)
   { t = a[i]; a[i] = a[n - 1 - i];a[n - 1 - i] = t;}
}
main()
{ int b[10] = {1,2,3,4,5,6,7,8,9,10}; int i,s = 0;
  reverse(b,8);
  for(i = 6;i < 10;i++) s += b[i];
  printf(" %d\n",s);
}
```

程序运行后的输出结果是(　　)。

A. 22　　B. 10　　C. 34　　D. 30

11. 以下程序的执行结果是(　　)。

```
int f1(int x,int y)
{ return x > y?x:y; }
int f2(int x,int y)
{ return x > y?y:x; }
main()
{ int a = 4,b = 3,c = 5,d,e,f;
  d = f1(a,b); d = f1(d,c);
  e = f2(a,b); e = f2(e,c);
  f = a + b + c - d - e;
  printf(" %d, %d, %d\n",d,f,e);
}
```

A. 3,4,5　　B. 5,3,4　　C. 5,4,3　　D. 3,5,4

12. 以下叙述中正确的是(　　)。

A. 全局变量的作用域一定比局部变量的作用域范围大

B. 静态(static)类别变量的生存期贯穿于整个程序的运行期间

C. 函数的形参都属于全局变量

D. 未在定义语句中赋初值的 auto 变量和 static 变量的初值都是随机值

13. 有函数定义 void fun(int n, double x) { … },若以下选项中的变量都已正确定义并赋值,则对函数 fun()正确调用语句是(　　)。

A. fun(int y,double m);　　B. k=fun(10,12.5);

C. fun(x,n);　　D. void fun(n,x);

14. 下列函数定义中,会出现编译错误的是(　　)。

A.
```
max(int x,int y,int *z)
{ *z=x>y ? x:y; }
```

B.
```
int max(int x,y)
{ int z;
  z=x>y ? x:y;
  return z;
}
```

C. max(int x,int y)
```
{ int z;
  z=x>y? x:y;
  return(z);
}
```

D. int max(int x,int y)
```
{ return(x>y? x:y); }
```

15. 以下程序的输出结果是(　　)。

```
fun(int a, int b)
{ if(a > b) return(a);
  else return(b);
}
main()
{ int x = 3, y = 8, z = 6, r;
  r = fun(fun(x,y), 2 * z);
  printf(" % d\n", r);
}
```

A. 3　　B. 6　　C. 8　　D. 12

二、编程题

1. 编程打印所有 3 位且其中有两个数字相同的完全平方数(完全平方数是指这个数开方之后的结果是一个整数,例如 144,它开方的结果是整数 12)。

2. 编程计算 $1+1/2+1/3+1/4+1/5+\cdots+1/n$。$n$ 的值由键盘输入确定。用递归调用法,若 $n=10$,则结果是 2.92896。

3. 编程统计字符串中字母、数字、空格和其他字符的个数。

4. 年龄问题:5 个人坐在一起,问第 5 个人,他说比第 4 个人大 2 岁,第 4 个人比第 3 个人大 2 岁,每个人都比前面一个人大 2 岁,第 1 个人 10 岁,问第 5 个人多大?

第 8 章

指　针

学习目标

1. 理解指针与地址的关系。
2. 掌握指针的定义及使用。
3. 掌握指针的运算。
4. 掌握指针与数组、指针与函数的关系。

指针是C语言中广泛使用的一种数据类型。运用指针编程是C语言主要的风格之一。利用指针变量能表示各种数据结构,能动态分配内存,能方便地使用数组和字符串,能直接处理内存地址,从而编出精练而高效的程序。指针极大地丰富了C语言的功能。学习指针是学习C语言中重要的一环,掌握好指针有助于编出高效的C语言程序。

8.1 指针和指针变量

程序运行时,所有的数据都存放在内存中。一般把内存的1字节当作1个内存单元,不同的数据类型所占用的内存单元数不等,如double类型数据占8个内存单元,char类型数据占1个内存单元等。为了访问这些数据,必须为每个单元都编上号码,如同电影院要为每个座位编上号码一样。内存的每个单元的编号是唯一的,系统根据编号可以准确地访问某个单元。

内存单元的编号称为地址,也叫指针。C语言允许用一个变量来存放指针,这种变量称为指针变量。

8.1.1 地址与指针

指针就是内存地址。变量的指针就是变量在内存中的地址。

在程序中定义的变量,系统都会根据它们的类型为它们分配一定字节数的存储空间。变量所占用的存储空间的首字节的编号是这个变量在内存中的地址,变量名是这个地址的助记符。可以通过变量名访问这个变量,也可以通过地址访问这个变量。通过地址访问变量往往要借助指针变量。

内存单元的指针和内存单元的内容是两个不同的概念。举例来说,电影院每个座位的编号是该座位的指针,而座位上坐的人可以看作该座位的内容。对于一个内存单元来说,单元的地址即为指针,其中存放的数据才是该单元的内容。

8.1.2 指针变量

存放指针的变量称为指针变量。既然是变量,就需要先定义后使用。

1. 指针变量的定义

指针变量定义的一般格式如下。

```
数据类型  *指针变量名;
```

指针变量定义的说明如下。

(1) 数据类型是指定义的指针变量用来存放何种类型的数据,是指针变量所指向的对象的类型,可以是int、float、double、char等基本数据类型和构造类型。

(2) 与其他变量的定义一样，可以一次定义一个或多个指针变量并赋初值。

(3) 定义指针变量时，指针变量名前面的 * 表示该变量为指针变量，是一个标志，变量名不包括 *。此处的 * 不同于之后引用指针变量时使用的指针运算符。

(4) 指针变量用于存放地址，一个指针变量的值就是某个变量的地址或称为某变量的指针。

(5) 指针变量也要占用存储空间。16 位系统用 2 字节表示一个地址，32 位系统用 4 字节表示一个地址，因此无论指针变量是什么类型，在 16 位系统中指针变量占用 2 字节的存储空间，32 位系统中指针变量占用 4 字节的存储空间。

例如：

```
int *p1;
double *p2;
```

上述语句中的"*"表示定义的是指针变量。两条语句分别定义了一个指向整型变量的指针变量 p1 和一个指向双精度浮点型变量的指针变量 p2。在 32 位系统中，sizeof(p1)和 sizeof(p2)的结果都为 4，即变量 p1 和 p2 都占用 4 字节的存储空间。

2. 指针变量的初始化和引用

指针变量必须初始化以后再使用，未初始化的指针变量叫野指针，它指向的内存空间是随机的，使用这些内存空间可能导致系统崩溃。

C 语言提供了两个用于指针运算的运算符。

(1) &——地址运算符。& 是单目运算符，其功能是取变量在内存中的地址，具有右结合性。

例如，&num 运算结果为变量 num 的地址。

(2) *——指针运算符。* 又称为间接运算符，是单目运算符，其功能是间接引用指针变量所指的对象，具有右结合性。

例如，若有指针变量 pointer，*pointer 表示指针 pointer 所指的内容。

指针变量可以用变量地址进行初始化，也可以用一个指针变量去初始化另一个指针变量。

例如，若有定义"int a=22,b=61; int *p1,*p2;"，假定变量 a、b 的地址分别为 101 和 205。

(1) 用变量地址初始化指针变量：

```
p1 = &a;
p2 = &b;
```

初始化之后的结果是指针变量 p1 指向整型变量 a，指针变量 p2 指向整型变量 b。指针变量与变量之间建立如图 8.1 所示的联系。

(2) 用一个指针变量去初始化另一个指针变量：

```
p1 = &a;
p2 = p1;
```

初始化之后的结果是指针变量 p1 和 p2 都指向整型变量 a。指针变量与变量之间建立如图 8.2 所示的联系。

图 8.1　用变量地址初始化指针变量

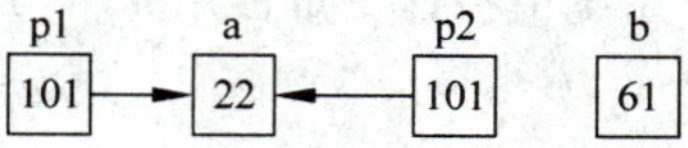

图 8.2　用一个指针变量去初始化另一个指针变量

指针与变量建立联系之后，就可以通过指针间接地访问变量，通过指针访问变量要用到指针运算符 *。以图 8.1 所示的指针变量与变量之间的联系为例，语句

```
*p1 = 89;
```

表示把 89 赋给 p1 所指的区域，等价于 a=89。通过指针变量 p1 访问变量 a 的过程是，首先读取 p1 的内容 101，这是一个地址值，系统产生寻址，找到地址为 101 的存储空间之后，使用指针运算符 * 将数据 89 存入该存储空间。语句执行后的结果如图 8.3(a)所示。

```
*p2 = *p1;
```

表示把 p1 指向的内容赋给 p2 所指的区域，等价于“b=a;”。操作过程是，首先读取 p1 的内容 101，这是一个地址值，系统产生寻址，找到地址为 101 的存储空间之后，使用指针运算符 * 将数据 89 读取出来；其次读取 p2 的内容 205，系统通过寻址，找到地址为 205 的存储空间之后，使用指针运算符 * 把刚才读取的数据存入该存储空间。语句执行后的结果如图 8.3(b)所示。

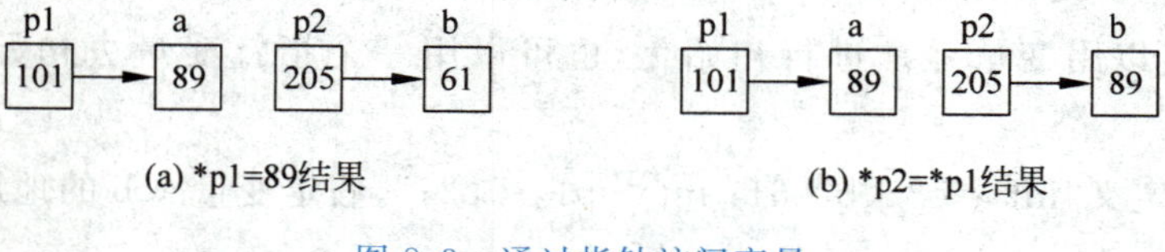

图 8.3　通过指针访问变量

由此可以看出，通过指针间接访问它所指向的变量，比直接访问变量花费时间长，且不直观。因为通过指针要访问哪一个变量，取决于指针的值(即指向)，例如，“*p2=*p1;”实际上是“b=a;”，前者速度慢而且目的不明。但通过指针变量，可以间接地访问不同作用域的变量；可以使函数带回多个值；可以通过改变指针的指向，从而间接访问不同的变量等。这也给程序带来灵活性和有效性。

【例 8.1】 指针变量的初始化。

```
#include <stdio.h>
main()
{
    int num = -5, *pointer;
    pointer = &num;                 //初始化 pointer,pointer 指向变量 num
    printf("%x\n",pointer);         //打印地址值,地址一般用十六进制格式表示,所以使用
                                    //格式字符%x
}
```

程序运行结果:

```
22feb8
```

注意:不同的运行环境,运行结果是不一样的。此处变量 num 的地址是 22feb8。

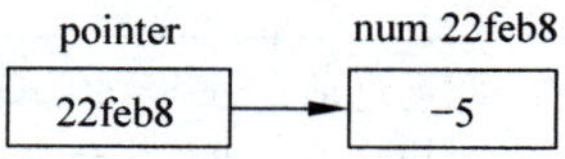

图 8.4 存储单元分配

指针变量 pointer 与变量 num 的存储关系如图 8.4 所示。

【例 8.2】 通过指针引用变量。

```
#include <stdio.h>
main()
{
    int num, *pointer;
    pointer = &num;                   //初始化 pointer,pointer 指向变量 num
    printf("请输入一个数:\n");
    scanf("%d",pointer);              //等价于 scanf("%d",&num);
    printf("num = %d\n", *pointer);   //等价于 printf("num = %d",num);
    *pointer = 100;                   //等价于 num = 100;
    printf("num = %d\n", *pointer);
}
```

程序运行结果:

```
请输入一个数:
22
num = 22
num = 100
```

【例 8.3】 利用指针解决例 7.4 中使用函数交换两个变量值的问题。

```
#include <stdio.h>
void swap(int *, int *);
```

```
main()
{
    int num1 = 67,num2 = 33;
    printf("交换之前: num1 = %d,num2 = %d\n",num1,num2);
    swap(&num1,&num2);
    printf("交换之后: num1 = %d,num2 = %d\n",num1,num2);
}
void swap(int *pn1,int *pn2)
{
    int tmp;
    tmp = *pn1; *pn1 = *pn2; *pn2 = tmp;
}
```

程序运行结果：

```
交换之前: num1 = 67,num2 = 33
交换之后: num1 = 33,num2 = 67
```

程序解读：

此处传递到子函数中的不是实参的值，而是实参的地址，这种传递称为地址传递。

子函数 swap()的形参是两个指针变量 pn1 和 pn2，它们分别指向变量 num1 和 num2，子函数通过指针变量 pn1 和 pn2 间接地操作了主函数的变量 num1 和 num2，实现了使用函数交换变量值的目的。

8.2 指针运算

同其他变量一样，指针变量也可以参与一些运算，指针运算主要体现在指针变量的间接运算上，指针涉及的运算并不多。

1. 指针运算符

& 运算符：取地址运算符，&n 即是变量 n 的地址。

* 运算符：指针运算符，*p 表示指针变量 p 所指向的对象。

& 和 * 运算符均为单目运算符，具有右结合性。取地址运算符 & 和指针运算符 * 之间是互逆的。

2. 指针的算术运算

指针可以进行加减运算，指针进行加减运算与整型变量的加减运算含义不同，且和指针变量的类型有关。指针进行加减运算只在指针指向数组时有意义，指针进行加 1 运算表示将指针指向下一个元素，进行减 1 运算表示将指针指向前一个元素。指针加 2、加 3、减 2、减 3 等运算以此类推。这种运算并不移动指针自身。设有数组 a[5]={3,1,6,8,5}，指针变量 p 指向数组元素 a[0]，p+1 表示指向数组元素 a[1]，p+2 表示指向数组元素 a[2]，如图 8.5 所示。

指针还可以进行自加和自减运算，指针的自加或自减运算表示移动指针指向当前元素后面一个或前面一个元素，如图 8.6 所示。

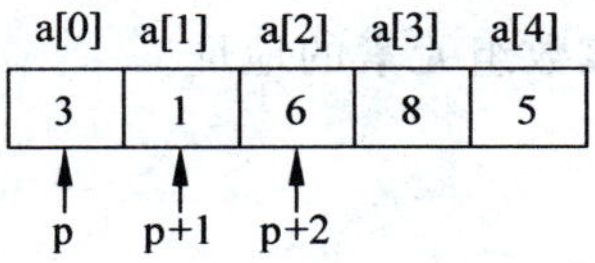

图 8.5 指针的加法运算

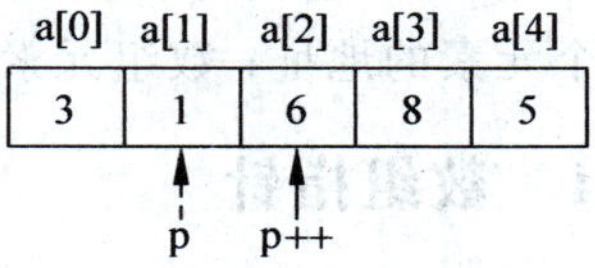

图 8.6 指针的自加运算

另外，当两个指针指向同一个数组时，这两个指针可以进行减法运算，所得之差是两个指针之间相差的数组元素个数。

【例 8.4】 指针的算术运算。

```
#include <stdio.h>
#define N 5
main()
{
    double a[N] = {3,1,6,8,5};
    double *p;
    p = a;
    printf("p = %d,p + 1 = %d\n",p,p + 1);          //输出 p 和 p + 1 的地址值
    printf("a[0] = %.1lf,", *p);                     //输出指针所指对象的值
    ++p;
    printf("a[1] = %.1lf\n", *p);                    //输出指针所指对象的值
}
```

程序运行结果：

```
p = 2293392,p + 1 = 2293400
a[0] = 3.0,a[1] = 1.0
```

程序解读：

p+1 的结果指向下一个变量 a[1]，但指针变量 p 仍指向变量 a[0]；因为 p 是变量，因此它的值可以改变，++p 就是改变了变量 p 的值，使指针 p 向后移动一位指向了a[1]。数组的名字是数组在内存的首地址，因此数组名也是指针，但数组名是常量，它可以加上或减去

一个整数，但不能做++或--运算。在本例中 p 和 p+1 这两者可以写成 a 和 a+1，但++p 不能写成++a。

8.3 指针与数组

变量在内存中按地址存取，数组在内存中同样按地址存取。程序中定义了数组，系统在编译时为数组的每个元素分配相应大小的地址连续的存储空间，数组的每个元素都在内存中占用相应的存储单元，它们都有相应的地址。所谓数组的指针，就是数组的首地址，也就是数组中第一个元素的地址；数组元素的指针则是该数组元素的地址。

8.3.1 数组指针

1. 指向一维数组的指针

既然变量和数组元素都有地址，引用变量可以使用指针，引用数组元素同样也可以使用指针。定义一个与数组类型相同的指针变量就可以指向数组和数组元素。

例如，若有定义 int a[5]={9,8,3,5,0}，则可以定义一个整型指针来指向数组 a 及其中的数组元素。

```
int *p;
p=a;
```

或

```
p=&a[0];
```

数组名是数组在内存的首地址，这两种方式都表示把数组的首地址赋给 p，指针 p 指向数组 a，结果如图 8.7 所示。

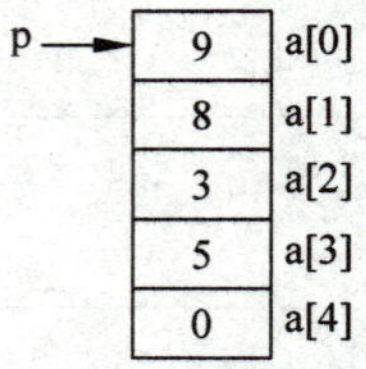

图 8.7 指针指向数组

从图 8.7 中可以看出以下关系：p、a、&a[0]均指向同一存储单元，它们是数组 a 的首地址，即第一个数组元素 a[0]的地址。但要说明的是，p 是指针变量，而 a 和 &a[0]是地址常量。

有了指向数组的指针，访问数组就有多种方式，既可以用传统的数组元素下标法，也可以使用指针法。使用指针变量访问数组有以下 3 种情况。

(1) p+i 和 a+i 都表示数组元素 a[i]的地址，或者说它们指向数组的第 i 个元素。如果一个数组有 5 个元素，i 的取值范围为 0～4，各数组元素的地址可以表示为 p+0～p+4 或a+0～a+4。

(2) *(p+i)和*(a+i)表示数组元素 a[i]。例如，*(p+1)和*(a+1)就是数组元素 a[1]。

(3) 指向数组的指针变量也可以用数组的下标形式来表示数组元素，p[i]与 a[i]等价。如果一个数组有 5 个元素，i 的取值范围为 0～4，各数组元素可以表示为 p[0]～p[4]，等价于 a[0]～a[4]。

指针变量可以指向数组当中的任何元素，若有 p=&a[2]，则表示指针 p 指向数组元素 a[2]，结果如图 8.8 所示。

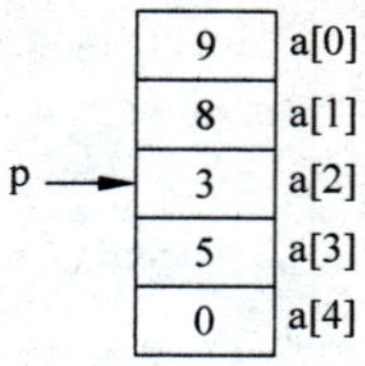

图 8.8 指针指向数组元素

【例 8.5】 利用指针输入、输出数组各元素。

```
#include <stdio.h>
#define N 5
main()
{
    int a[N],i,*p;
    p=a;
    printf("请输入%d个数据：\n",N);
    for(i=0;i<N;i++)
    {
        scanf("%d",p+i);                //利用指针访问数组
    }
    printf("这个一维数组是：\n");
    for(i=0;i<N;i++)
    {
        printf("%d ",*(p+i));           //利用指针访问数组
    }
    printf("\n");
}
```

程序运行结果：

```
请输入5个数据：
5 9 3 2 6
这个一维数组是：
5  9  3  2  6
```

【例 8.6】 通过移动指针输入、输出数组各元素。

```
#include <stdio.h>
#define N 5
main()
{
    int a[N],i;
    int *p=a;                           //定义指针变量的同时进行初始化
```

```
    printf("请输入%d个数据:\n",N);
    for(i=0;i<N;i++)
    {
        scanf("%d",p++);
    }
    p=a;                                          //复位指针变量
    printf("这个一维数组是:\n");
    for(i=0;i<N;i++)
    {
        printf("%d ",*p++);
    }
    printf("\n");
}
```

程序运行结果：

```
请输入5个数据:
3 6 9 2 5
这个一维数组是:
3  6  9  2  5
```

程序解读：

本例中输入数据时，采用p++的方法移动指针将输入的数据依次存入数组各元素，输入结束时，指针p已经指向最末一个元素，如果不对指针进行复位，在输出时将会产生数组越界错误。

2. 指向二维数组的指针

设有定义 int a[3][4]，它表示一个3行4列的二维数组，如图8.9所示。

a

a[0]	a[0][0]	a[0][1]	a[0][2]	a[0][3]
a[1]	a[1][0]	a[1][1]	a[1][2]	a[1][3]
a[2]	a[2][0]	a[2][1]	a[2][2]	a[2][3]

图8.9　二维数组

在C语言中，二维数组可以看作多个一维数组的组合，如图8.9所示，这个二维数组a有3行元素，每一行看作一个一维数组，这3个一维数组的数组名就是a[0]、a[1]和a[2]，二维数组a由a[0]、a[1]、a[2]组合而来。既然二维数组a由a[0]、a[1]、a[2]组合而来，因此也可以把数组a视为一个包含3个元素a[0]、a[1]和a[2]的一维数组，只是这3个元素都是一维数组而已。

二维数组在内存按行连续线性存放，数组名代表整个二维数组的首地址。组成二维数组 a 的 3 个元素 a[0]、a[1]和 a[2]同时又是 3 个一维数组名，它们就代表了每个一维数组的首地址，即每行的首地址，如图 8.10 所示。

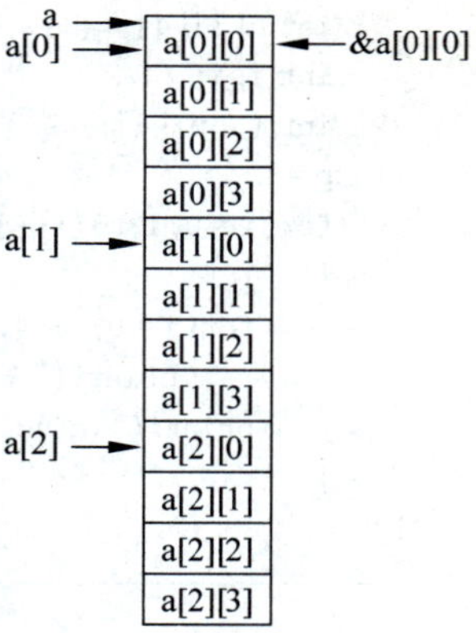

图 8.10　二维数组的指针

二维数组名 a 的指针运算 *a 的结果是 a[0]，而不是 a[0][0]。*a 等同于a[0]，a[0]代表第 1 行元素的首地址，&a[0][0]是二维数组第 1 个元素的地址，二维数组的数组名 a 是二维数组的首地址，a、*a、a[0]、&a[0][0]它们实际代表同一个存储空间，它们的地址相同。

二维数组名做加 1 操作并不是指向数组的第 2 个元素，而是指向数组的下一行，即 a+1 表示数组第 2 行的首地址，*(a+1)的结果是 a[1]，a[1]是第 2 个一维数组的数组名，它代表了数组第 2 行元素的首地址，&a[1][0]为第 2 行第 1 个元素的地址，这四者等同；同理，a+2、*(a+2)、a[2]、&a[2][0]也等同。

要通过指针引用数组元素需要采用 *(*(a+i)+j)这种方式，这表示二维数组第 i 行、第 j 列元素 a[i][j]。

指向二维数组的指针定义格式如下。

```
数据类型(*变量名)[常量表达式];
```

例如：

```
int (*p)[4];
```

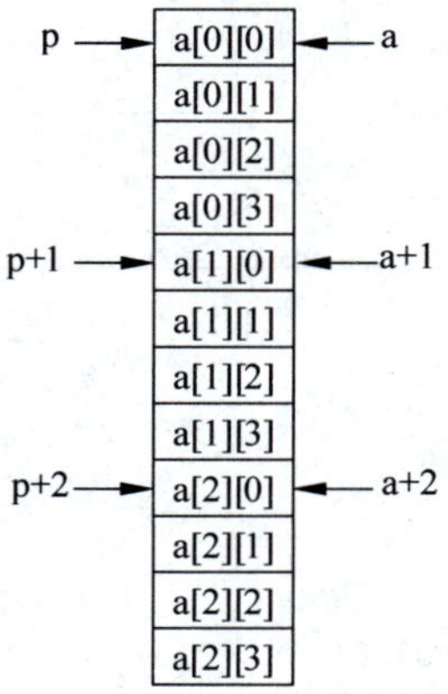

图 8.11　指向二维数组的指针变量

由于()和[]优先级相同，因此从左至右先处理()中的内容，*p 表示 p 是一个指针变量，然后再与[]结合，表示 p 是指向包含 4 个元素的一维数组的指针变量。

设有如下定义：

```
int a[3][4] = {1,2,3,4,5,6,7,8,9,10,11,12};
int (*p)[4];
p = a;
```

则 p 为二维数组第 1 行首地址，与 a 等同；p+1 为二维数组第 2 行首地址，与 a+1 等同；p+2 为二维数组第 3 行首地址，与 a+2 等同，如图 8.11 所示。

【例 8.7】 指向二维数组的指针变量。

```
#include <stdio.h>
main()
```

```
{
    int a[3][4] = {1,2,3,4,5,6,7,8,9,10,11,12};
    int i,j;
    int ( * p)[4];
    p = a;
    for(i = 0;i < 3;i++)
    {
        for(j = 0;j < 4;j++)
            printf(" % d\t",p[i][j]);
        printf("\n");
    }
}
```

程序运行结果：

```
1       2       3       4
5       6       7       8
9       10      11      12
```

鉴于二维数组在内存中是连续线性存放的，所以，也可以定义一个普通的指针变量来指向这个二维数组，只须把与指针变量同级的二维数组的首地址赋给这个指针变量，就可以通过移动指针变量来引用二维数组中的元素。

例如：

```
int a[3][4] = {1,2,3,4,5,6,7,8,9,10,11,12};
int * p;
p = a[0];
```

【例 8.8】 指向二维数组的普通指针变量使用。

```
#include < stdio.h >
main()
{
    int a[3][4] = {1,2,3,4,5,6,7,8,9,10,11,12};
    int i,j;
    int * p;
    p = a[0];                       //也可以使用 p = * a 或 p = &a[0][0]
    for(i = 0;i < 3;i++)
    {
        for(j = 0;j < 4;j++)
            printf(" % d\t", * p++);
        printf("\n");
    }
}
```

3. 数组名作函数参数

数组名是数组在内存的首地址,把数组名作函数参数,就是把数组在内存的首地址传递给子函数,这是地址传递。

【例 8.9】 使用函数查询数组中的最大值。

```
#include <stdio.h>
#define N 10
double maxnum(double n[],int len);
main()
{
    double num[N] = {45,77,213,4,9,432,345,84,2,65},max;
    int i;
    printf("数组如下: \n");
    for(i = 0;i < N;i++)
        printf(" %.1lf ",num[i]);
    printf("\n");
    max = maxnum(num,N);            //数组名 num 作为函数参数
    printf("max = %.1lf\n",max);
}
double maxnum(double n[],int len)
{
    double m;
    int i;
    m = n[0];
    for(i = 1;i < len;i++)
        if(m < n[i])
            m = n[i];
    return m;
}
```

程序运行结果:

```
数组如下:
45.0 77.0 213.0 4.0 9.0 432.0 345.0 84.0 2.0 65.0
max = 432.0
```

程序解读:

在此程序中,函数 maxnum()的形参 double n[]数组实际上被编译系统视为指针变量,它获得了 main()函数中数组 num 在内存的地址,数组 n 与数组 num 在内存完全重合,子函数查询数组 n 中的最大值实际上就是在查询数组 num 中的最大值。函数 maxnum()的形参 double n[]也可以改成 double *n,操作时可以使用下标法,也可以使用指针法。

8.3.2 指针数组

由若干指针变量组成的数组称为指针数组。指针数组也是一种数组，只是它的所有元素都是指针变量，只能用来存放地址值。数组中的变量用下标来进行区分，程序可以通过控制下标来引用数组中的各个变量，从而方便地实现许多算法，指针数组同样地可以为编程带来很多方便，特别是处理二维字符数组时。

1. 指针数组的定义

指针数组的定义格式如下。

```
数据类型 * 数组名[常量表达式];
```

例如：

```
int *p[5];                    //定义一个有5个指针变量的一维数组
```

由于[]的优先级比 * 高，所以 p 先与[]结合，得到 p[5]，这是一个数组，有 5 个数组元素 p[0]、p[1]、p[2]、p[3]、p[4]。然后再与 * 结合，表示这个数组是指针数组，每个数组元素都是指针变量。

指针数组的定义格式的说明如下。

(1) 数据类型是指数组中指针的类型。

(2) 数组名要符合标识符的命名规则，且不能与其他变量名重名。

(3) 常量表达式表示数组中所包含的指针变量的个数。

2. 指针数组的初始化

指针数组是若干个指针变量组成的数组，只能用地址值为数组初始化。

例如：

```
int a,b,c;
int *p[3] = {&a,&b,&c};
```

指针数组 p 中的 3 个变量依次存放了变量 a、b、c 在内存的地址。

```
int a[3][4];
int *p[3] = {a[0],a[1],a[2]};
```

指针数组 p 中的 3 个变量存放了组成二维数组 a 的 3 个一维数组的首地址。

【例 8.10】 对若干个字符串进行排序并输出。

```
#include <stdio.h>
#include <string.h>
void print(char *name[],int n);
void sort(char *name[],int n);
main()
{
    char *p[3] = {"张三","李四","王五"};
    printf("排序之前:\n");
    print(p,3);
    sort(p,3);
    printf("排序之后:\n");
    print(p,3);
}

void sort(char *name[],int n)
{
    int i,j;
    char *t;
    for(i = 1;i < n;i++)
        for(j = 0;j < n - i;j++)
            if(strcmp(name[j],name[j + 1])> 0)
            {
                t = name[j];name[j] = name[j + 1];name[j + 1] = t;
            }
}

void print(char *name[],int n)
{
    int i;
    for(i = 0;i < n;i++)
        printf("%s\t",name[i]);
    printf("\n");
}
```

程序运行结果：

```
排序之前:
张三     李四     王五
排序之后:
李四     王五     张三
```

8.3.3 字符指针与字符串

在 C 语言中没有专门的字符串类型的数据结构，通常是将字符串放在一个字符数组中进行处理，也可以使用字符指针来处理一个字符串。

1. 字符数组处理字符串

例如：

```
char str[] = "This is a demo";
```

以上语句定义了一个字符数组 str，系统为数组分配了 15 字节的存储空间，并依次把 This is a demo 和字符串结束标志\0 等 15 个字符存进去。

由于数组名就是数组的首地址，因此，可以使用下标法和指针法对字符串进行遍历。

【例 8.11】 下标法遍历字符串。

```
#include <stdio.h>
main()
{
    char str[] = "This is a demo";
    int i;
    for(i = 0;str[i]!= '\0';i++)
    {
        printf("%c",str[i]);
    }
    printf("\n");
}
```

【例 8.12】 指针法遍历字符串。

```
#include <stdio.h>
main()
{
    char str[] = "This is a demo";
    int i;
    for(i = 0; *(str + i)!= '\0';i++)
    {
        printf("%c", *(str + i));
    }
    printf("\n");
}
```

数组名是常量，它的值不可更改，所以本例中只能使用 str＋i 这种方式，而不能使用 str＋＋来遍历字符串。

2. 字符指针处理字符串

字符指针处理字符串分为字符指针指向字符数组和指向字符串常量两种情况。

【例 8.13】 字符指针指向字符数组。

```
#include <stdio.h>
main()
{
    int i;
    char str[] = "This is a demo", *p;
    p = str;                          //指针 p 指向字符数组 str
    for(i = 0; *p!= '\0';i++)         //或 p[i],或 *(p + i)
    {
        printf("%c", *p++);           //或 p[i],或 *(p + i)
    }
    printf("\n");
    printf("%s\n",p);                 //字符串整体输出
}
```

【例 8.14】 字符指针指向字符串常量。

```
#include <stdio.h>
main()
{
    int i;
    char *p;
    p = "This is a demo";             //指针 p 指向字符串常量"This is a demo"
    for(i = 0; *p!= '\0';i++)         //或 p[i],或 *(p + i)
    {
        printf("%c", *p++);           //或 p[i],或 *(p + i)
    }
    printf("\n");
    printf("%s\n",p);                 //字符串整体输出
}
```

例 8.13 和例 8.14 所示的程序中,指针 p 指向字符数组和指向字符串常量,在遍历字符串和整体输出字符串时没有区别。

但是例 8.13 中的 str 字符数组是变量,它的值可以改变,而例 8.14 中 p 所指的字符串"This is a demo"是常量,它的值不可修改,例如使用 strcpy(p,"change the value")改变 p 所指对象的内容或 p[0]= 'A'改变其中一个字符,在例 8.13 中可以实现,在例 8.14 中将会报错。

8.4 指针与函数

指针与函数也有着紧密的联系,包括函数的指针和返回指针值的函数。

8.4.1 函数的指针

C 语言中,一个函数运行时,系统为该函数分配一段连续的内存区域,其中函数名表示

该函数所在内存区域的首地址（或称入口地址），这和数组名非常类似。实际上，调用函数是通过函数名找到函数的入口地址，然后从该地址开始执行函数对应的程序。

函数的这个首地址称为函数的指针。可以定义一个指针变量指向函数，以后通过指针变量就可以找到并调用该函数。

指向函数的指针变量定义格式如下。

```
数据类型( * 指针变量名)();
```

其中，数据类型是指函数返回值的数据类型；（ * 指针变量名）表示 * 后面的变量是指针变量；最末的()表示指针变量的指向是函数。例如：

```
int ( * p)();                        //定义一个指向整型函数的指针变量 p
```

注意：()的优先级高于 * ，上述定义的第 1 个括号不能省略，如果写成“int * p();”就成了函数的声明，表示这是一个返回整型指针值的函数了，意义完全变了。

【例 8.15】 编程求两个数中的较大者。

```
#include <stdio.h>
int maxnum(int,int);
main()
{
    int num1,num2,max;
    int ( * p)();
    printf("请输入两个数：\n");
    scanf("%d%d",&num1,&num2);
    p = maxnum;                                  //将函数入口地址赋给 p
    max = ( * p)(num1,num2);                     //通过函数指针调用函数
    printf("较大的数是：%d\n",max);
}
int maxnum(int n1,int n2)
{
    return n1 > n2?n1:n2;
}
```

程序运行结果：

```
请输入两个数：
55
76
较大的数是：76
```

8.4.2 返回指针值的函数

一个函数可以返回一个整型值、浮点型值、字符型值等，也可以返回指针类型的数据，即返回一个地址值。

返回指针值的函数定义格式如下。

```
数据类型 * 函数名(参数表);
```

其中，函数名之前加上"*"表示这是一个返回指针值的函数；数据类型说明返回的指针的类型。例如：

```
int * fun(int x,int y);                //函数 fun()是一个返回整型指针值的函数
```

【例 8.16】 求一个数组中的最大值，并指出它所在的位置。

```
#include <stdio.h>
#define N 10
int * maxnum(int * ,int);
main()
{
    int num[N] = {34,1,64,8,43,98,76,9,432,6}, * pm;
    pm = maxnum(num,N);
    printf("最大值是: %d\n", * pm);
}
int * maxnum(int  * n,int len)
{
    int  * p,i;
    p = n;
    for(i = 1;i < len;i++,n++)
        if( * p < * n)
            p = n;
    return p;
}
```

程序运行结果：

```
最大值是: 432
```

8.5 指向指针的指针

变量定义之后，都会在内存为变量分配一个存储空间，存放这个内存地址的变量称为指针变量；指针变量定义之后同样会分配相应的内存空间，存放指针变量在内存地址的变量

称为指向指针变量的指针变量，即指向指针的指针。指向指针的指针也称为多级指针。

指向指针的指针定义格式如下。

```
数据类型 ** 变量名;
```

例如：

```
int ** p;
```

定义的变量 p 是一个指向指针的指针变量，** 表示这是一个二级指针。

【例 8.17】 使用指向指针的指针。

```
#include <stdio.h>
main()
{
    int num;
    int * p1, ** p2;            //p2 为二级指针,用于存放指针变量的地址
    p1 = &num;
    p2 = &p1;                   //指针 p1 的地址赋给二级指针 p2
    printf("请输入一个数: ");
    scanf(" %d",p1);
    printf("使用一级指针,num 的地址是: %x\n",p1);
    printf("使用二级指针,num 的地址是: %x\n", * p2);
    printf("使用一级指针,num 的值是: %d\n", * p1);
    printf("使用二级指针,num 的值是: %d\n", ** p2);
}
```

程序运行结果：

```
请输入一个数: 32
使用一级指针,num 的地址是: 22feb8
使用二级指针,num 的地址是: 22feb8
使用一级指针,num 的值是: 32
使用二级指针,num 的值是: 32
```

习题 8

一、选择题

1. 若有定义："int n=2，* p=&n，* q=p；"，则以下非法的赋值语句是（　　）。

A. p=q；　　B. * p= * q；　　C. n= * q；　　D. p=n；

2. 若有定义:"int i, j=2, * p=&i;",则能完成 i=j 赋值功能的语句是(　　)。

A. i= * p;　　B. p * = * &j;　　C. i=&j;　　D. i= ** p;

3. 以下定义语句中,错误的是(　　)。

A. int a[]={1,2};　　B. char * a[3];

C. char s[10]="test";　　D. int n=5,a[n];

4. 以下语句中,不能正确赋值的是(　　)。

A. char s1[10];s1="Ctest";

B. char s2[]={'C', 't', 'e', 's', 't'};

C. char s3[20]="Ctest";

D. char * s4="Ctest\n";

5. 若有语句"int a,b,c, * d=&c;",则能正确从键盘读入3个整数分别赋给变量a、b、c的语句是(　　)。

A. scanf("%d%d%d",&a,&b,d);

B. scanf("%d%d%d",&a,&b,&d);

C. scanf("%d%d%d",a,b,d);

D. scanf("%d%d%d",a,b, * d);

6. 若有定义:"int a=511, * b=&a;",则"printf("%d\n", * b);"的输出结果为(　　)。

A. 无确定值　　B. a 的地址　　C. 512　　D. 511

7. 以下程序的输出结果是(　　)。

```
char cchar(char ch)
{
    if(ch>='A'&&ch<='Z') ch=ch-'A'+'a';
    return ch;
}
main()
{   char s[]="ABC+abc=defDEF", * p=s;
    while( * p)
    {    * p=cchar( * p);
        p++;
    }
    printf("%s\n",s);
}
```

A. abc+ABC=DEFdef　　B. abc+abc=defdef

C. abcaABCDEFdef　　D. abcabcdefdef

8. 以下程序调用 findmax()函数返回数组中的最大值:

```
findmax(int * a,int n)
{   int * p, * s;
    for(p=a,s=a; p-a<=n;p++)
```

```
    if (________) s=p;
    return(*s);
}
main()
{   int x[5]={12,21,13,6,18};
    printf("%d\n",findmax(x,5));
}
```

在下划线处应填入的是(　　)。

A. p>s　　B. *p>*s　　C. a[p]>a[s]　　D. p-a>p-s

9. 若有以下定义和语句：

```
int s[4][5],(*ps)[5];
ps=s;
```

则对s数组元素的正确引用形式是(　　)。

A. ps+1　　B. *(ps+3)　　C. ps[0][2]　　D. *(ps+1)+3

10. 在语句“int *f();”中，标识符f代表的是(　　)。

A. 一个用于指向整型数据的指针变量

B. 一个用于指向一维数组的行指针

C. 一个用于指向函数的指针变量

D. 一个返回值为指针型的函数名

11. 以下程序的输出结果是(　　)。

```
void fun(char *c,int d)
{   *c=*c+1;d=d+1;
    printf("%c,%c,",*c,d);
}
main()
{   char a='A',b='a';
    fun(&b,a); printf("%c,%c\n",a,b);
}
```

A. B,a,B,a　　B. a,B,a,B　　C. A,b,A,b　　D. b,B,A,b

12. 以下程序中函数reverse()的功能是将a所指数组中的内容进行逆置。

```
void reverse(int a[ ],int n)
{   int i,t;
    for(i=0;i<n/2;i++)
    {   t=a; a=a[n-1-i];a[n-1-i]=t;}
}
main()
```

```
{   int b[10] = {1,2,3,4,5,6,7,8,9,10}; int i,s = 0;
    reverse(b,8);
    for(i = 6;i < 10;i++) s += b;
    printf(" % d\n",s);
}
```

程序运行后的输出结果是(　　)。

A. 22　　B. 10　　C. 34　　D. 30

13. 以下程序的输出结果是(　　)。

```
#include <stdio.h>
main()
{   char *p = "abcde\0fghjik\0";
    printf(" % d\n",strlen(p));
}
```

A. 12　　B. 15　　C. 6　　D. 5

14. 以下程序的输出结果是(　　)。

```
int *f(int *x,int *y)
{   if( *x < *y)
        return x;
    else
        return y;
}
main()
{   int a = 7,b = 8, *p, *q, *r;
    p = &a,q = &b;
    r = f(p,q);
    printf(" % d, % d, % d\n", *p, *q, *r);
}
```

A. 7,8,8　　B. 7,8,7　　C. 8,7,7　　D. 8,7,8

15. 以下程序的输出结果是(　　)。

```
main()
{   char *s[] = {"one","two","three"}, *p;
    p = s[1];
    printf(" % c, % s\n", *(p + 1),s[0]);
}
```

A. n,two　　B. t,one　　C. w,one　　D. o,two

16. 以下程序的输出结果是(   )。

```
main()
{   int x[8] = {8,7,6,5,0,0}, * s;
    s = x + 3
    printf(" % d\n",s[2]);
}
```

A. 随机值　　　B. 0　　　C. 5　　　D. 6

17. 以下函数的功能是(   )。

```
fun(char * s1,char * s2)
{   int i = 0;
    while(s1 == s2&& s2!= '\0')i++;
    return(s1 ==  && s2{i}!== '\0');
}
```

A. 将 s2 所指字符串赋给 s1

B. 比较 s1 和 s2 所指字符串的大小,若 s1 的比 s2 的大,函数值为 1;否则函数值为 0

C. 比较 s1 和 s2 所指字符串是否相等,若相等,函数值为 1;否则函数值为 0

D. 比较 s1 和 s2 所指字符串的长度,若 s1 的比 s2 的长,函数值为 1;否则函数值为 0

18. 以下程序的输出结果是(   )。

```
main()
{   char str[ ] = "xyz", * ps = str;
    while( * ps)ps++;
    for(ps -- ;ps - str >= 0;ps -- ) puts(ps);
}
```

A. yz
xyz　　　B. z
yz　　　C. z
yz
xyz　　　D. x
xy
xyz

19. 以下函数的功能是,通过键盘输入数据,为数组中的所有元素赋值。

```
# define N 10
void arrin(int x[N])
{   int i = 0;
    while(i < N)
    scanf(" % d", ________);
}
```

在下划线处应填入的是(   )。

A. x+i　　B. &x[i+1]　　C. x+(i++)　　D. &x[++i]

20. 以下函数的返回值是(   )。

```
fun(int *p)
{ return *p; }
```

A. 不确定的值　　B. 形参 p 中存放的值

C. 形参 p 所指存储单元中的值　　D. 形参 p 的地址值

21. 若有定义:"int *p[3];",则以下叙述中正确的是(   )。

A. 定义了一个基类型为 int 的指针变量 p,该变量具有 3 个指针

B. 定义了一个指针数组 p,该数组含有 3 个元素,每个元素都是基类型为 int 的指针

C. 定义了一个名为 *p 的整型数组,该数组含有 3 个 int 类型元素

D. 定义了一个可指向一维数组的指针变量 p,所指一维数组应具有 3 个 int 类型元素

22. 以下程序的输出结果是(   )。

```
void fun(char *a, char *b)
{    a = b; (*a)++;    }
main()
{    char c1 = 'A',c2 = 'a', *p1, *p2;
     p1 = &c1; p2 = &c2; fun(p1,p2);
     printf("%c%c\n",c1,c2);
}
```

A. Ab　　B. aa　　C. Aa　　D. Bb

二、编程题

1. 编程函数实现字符串处理函数 strcmp()的功能。

2. 一个有 n 个数的数组,将前 $n-m$ 个数依次向后移 m 位,使最后 m 个数变成前 m 个数。

3. 输入一串字符,统计其中字母、数字、特殊字符各有多少个。

4. 随机生成一个数组,排序之后输出结果。

第 9 章

结构体、共用体和枚举类型

学习目标

1. 掌握结构体、共用体和枚举类型的概念与特点。
2. 掌握结构体、共用体、枚举类型及其变量的定义、赋值方法。
3. 掌握结构体数组的使用。
4. 掌握枚举类型的使用。
5. 理解单向链表的原理和实现方法。

9.1 结构体

对于单个数据或一组类型相同的数据，可以使用单个变量或数组来处理。但实际问题中，常常遇到一组存在关联的、但类型不同的数据。例如，学生信息登记表包含若干个数据项——学号、姓名、性别、年龄、成绩等，学号是整数或字符串，姓名是字符串，性别是整数或字符串，年龄是整数，成绩是浮点数。因为数据类型不同，显然不能用一个数组来存放这若干数据项。因为同一个数组中各元素的类型和长度都必须一致，以便于编译系统处理。为了解决这个问题，C 语言中给出了另一种构造数据类型——结构体。

9.1.1 结构体类型

在 C 语言中，可以使用结构体(struct)来存放一组类型不同的数据。结构体相当于其他高级语言中的记录，或者表格中的一行信息。结构体是一种构造类型，它是由若干成员组成的。每一个成员可以是基本数据类型或者是构造类型。结构体类型一般由用户根据自己的需要自行定义。

结构体类型定义的一般格式如下。

```
struct 结构体名
{
    成员列表;
};
```

结构体类型定义的格式说明如下。

(1) struct 是定义结构体类型的关键字，struct 和结构体名共同组成结构体类型标识符，在类型的定义和使用时 struct 都不能省略。

(2) 结构体名要符合标识符的命名规则，最好做到“见名知意”。也可以省略结构体名，此时定义的结构体叫无名结构体。

(3) 成员列表是组成结构体的各数据项的说明，与一般变量定义格式相同。结构体成员可以和程序中的其他变量重名。

(4) 结构体类型的定义以分号(;)结束。

【例 9.1】 定义一个反映学生基本信息的结构体类型。

```
struct student
{
    char num[15];
    char name[10];
    char sex[3];
    int age;
    double score;
};
```

上述定义创建了一个名为 student 的结构体数据类型，它包含 num、name、sex、age、score 共 5 个不同类型的数据项（成员）。结构体类型一经定义，在程序中就可以像基本数据类型一样使用了。

另外，结构体成员也可以是结构体类型。

【例 9.2】 定义一个反映员工基本信息的结构体类型。

```
struct date
{
    int year;
    int month;
    int day;
};
struct employee
{
    char num[15];
    char name[10];
    char sex[3];
    struct date birthday;
    double salary;
};
```

上述定义创建了一个名为 employee 的结构体类型，它包含 num、name、sex、birthday、salary 成员，其中 birthday 为 date 结构体类型。

9.1.2 结构体变量

1. 结构体变量的定义

有了结构体类型，就可以定义结构体变量了。定义结构体变量有 3 种方式。

(1) 定义结构体类型之后定义结构体变量。例如：

```
struct student
{
    char num[15];
    char name[10];
    char sex[3];
    int age;
    double score;
};
struct student stu1,stu2;
```

在这里，首先定义了结构体类型 student；其次使用结构体类型定义了两个结构体变量 stu1 和 stu2。结构体关键字 struct 要和结构体名 student 一起使用，它们结合在一起成为唯一确定的结构体类型。

(2) 定义结构体类型的同时定义变量。例如：

```
struct student
{
    char num[15];
    char name[10];
    char sex[3];
    int age;
    double score;
}stu1,stu2;
```

定义结构体类型 student 的同时，定义了结构体变量 stu1 和 stu2。

(3) 直接定义结构体变量。例如：

```
struct
{
    char num[15];
    char name[10];
    char sex[3];
    int age;
    double score;
}stu1,stu2;
```

与前一种方式的区别是这种方式省略了结构体名，通过定义一个无名结构直接定义结构体变量，一般用于不需要再次定义该类型的结构体变量的情况。

2. 结构体变量的引用

结构体包含若干成员，使用结构体时，往往不把它作为一个整体来使用，更多的是访问结构体中的成员。

在程序中访问结构体成员需要使用成员运算符"."或指向运算符"－＞"。结构体成员访问的一般格式如下。

```
结构体变量名.成员名
```

或

```
结构体指针变量->成员名
```

例如，若有以下定义：

```
struct date
{
    int year,month,day;
```

```
}d, *p;
p=d;
```

则访问结构体成员的方式有 d.year、d.month、d.day、p->year、p->month、p->day 等。

对结构体变量的使用，一般有赋值、输入、输出、运算等操作。其中结构体变量的赋值操作有定义结构体变量的同时赋值和定义之后再赋值两种情况。

(1) 定义结构体变量的同时赋值。例如：

```
struct student
{
    char num[15];
    char name[10];
    char sex[3];
    int age;
    double score;
} s={"201706011101","张三","男",18,85.5};
```

“{}”中的初始化数据用逗号分隔，按先后顺序对结构体成员一一对应赋值。

(2) 定义之后再赋值。例如：

```
struct student
{
    char num[15];
    char name[10];
    char sex[3];
    int age;
    double score;
} s;
strcpy(s.num,"201706011101")
strcpy(s.name,"张三");
strcpy(s.sex,"男");
s.age=18;
s.score=85.5;
```

3. 结构体变量的存储

结构体类型是一种构造数据类型，抽象的数据类型不会占用内存，只有定义的结构体类型变量才会占用存储空间。结构体变量按成员声明的顺序在内存连续线性存储，占用的空间是各个成员占用空间之和。

【例 9.3】 结构体变量占用空间测试。

```
#include<stdio.h>
struct student
```

```
{
    char num[15];
    char name[10];
    char sex[3];
    int age;
    double score;
}s = {"201706011101","张三","男",18,85.5};
main()
{
    printf("学号\t\t 姓名\t 性别\t 年龄\t 成绩\n");
    printf(" %s\t %s\t %s\t %d\t %.1lf\n",s.num,s.name,s.sex,s.age,s.score);
    printf("结构体变量占用空间 %d 字节\n",sizeof(s));
}
```

程序运行结果：

```
学号              姓名    性别    年龄    成绩
201706011101      张三    男      18      85.5
结构体变量占用空间 40 字节
```

9.1.3 结构体数组

和前面使用数组一样，当实际应用中需要许多结构体变量，就要用到结构体数组。结构体数组一般用来处理具有相同数据结构的群体信息，如一个单位职工的信息或一个班级的学生信息。

1. 结构体数组的定义

结构体数组的定义和结构体变量的定义相似，可以在定义结构体类型的同时定义结构体数组，定义结构体类型之后定义数组或定义无名结构体类型时直接定义数组。

例如：

定义结构体同时定义数组

```
struct date
{
    int year,month,day;
}d[3];
```

定义结构体之后定义数组

```
struct date
{
    int year,month,day;
};
struct date d[3];
```

定义无名结构体直接定义数组

```
struct
{
    int year,month,day;
}d[3];
```

2. 结构体数组的赋值

和普通结构体变量一样，结构体数组也可以在定义的同时赋值或定义之后赋值。需要注意的是，定义之后只能逐个变量、逐个成员赋值。

例如：

```
struct date
{
    int year,month,day;
};
struct date d[3] = {{2017,1,1},{2017,3,22},{2017,5,25}};
```

或

```
struct date
{
    int year,month,day;
} d[3];
d[0].year = 2017; d[0].month = 1;d[0].day = 1; … ;d[2].day = 25;
```

3. 结构体数组的引用

结构体数组元素就是一个结构体变量，结构体数组的引用与结构体变量的引用相类似，引用时注意加上变量下标即可。

结构体数组元素的引用格式如下。

```
结构体数组名[下标]
```

结构体数组元素成员的引用格式如下。

```
结构体数组名[下标].成员
```

【例 9.4】 计算学生的总成绩。

```
#include <stdio.h>
struct student
{
    char num[15];
    char name[10];
    char sex[3];
    int age;
    double score;
};
main()
{
    int i;
    double total;
```

```
    struct student s[3] = {
                        {"201706011101","张三","男",18,85.5},
                        {"201706011102","李四","女",17,88.5},
                        {"201706011103","王五","男",19,79.3}
                       };
    printf("学号\t\t 姓名\t 性别\t 年龄\t 成绩\n");
    for(i = 0;i < 3;i++)
        printf(" %s\t%s\t%s\t%d\t%.1lf\n",
            s[i].num,s[i].name,s[i].sex,s[i].age,s[i].score);
    for(i = 0,total = 0;i < 3;i++)
        total = total + s[i].score;
    printf("\n 总成绩是: %.1lf\n",total);
}
```

程序运行结果：

```
学号            姓名    性别    年龄    成绩
201706011101    张三    男      18      85.5
201706011102    李四    女      17      88.5
201706011103    王五    男      19      79.3

总成绩是：253.3
```

【例 9.5】 将学生按年龄排序。

```
#include <stdio.h>
#define N 3
struct student
{
    char num[15];
    char name[10];
    char sex[3];
    int age;
    double score;
};
main()
{
    int i,j;
    struct student tmp;
    struct student s[N] = {
                        {"201706011101","张三","男",18,85.5},
                        {"201706011102","李四","女",17,88.5},
                        {"201706011103","王五","男",19,79.3}
                       };
    printf("排序之前: \n");
    printf("学号\t\t 姓名\t 性别\t 年龄\t 成绩\n");
```

```
    for(i = 0;i < N;i++)
        printf("%s\t%s\t%s\t%d\t%.1lf\n",
               s[i].num,s[i].name,s[i].sex,s[i].age,s[i].score);
    for(i = 1;i < N;i++)
        for(j = 0;j < N - i;j++)
            if(s[j].age > s[j + 1].age)
            {
                tmp = s[j];s[j] = s[j + 1];s[j + 1] = tmp;
            }
    printf("排序之后: \n");
    printf("学号\t\t 姓名\t 性别\t 年龄\t 成绩\n");
    for(i = 0;i < N;i++)
        printf("%s\t%s\t%s\t%d\t%.1lf\n",
               s[i].num,s[i].name,s[i].sex,s[i].age,s[i].score);
}
```

程序运行结果：

```
排序之前:
学号              姓名    性别    年龄    成绩
201706011101    张三    男      18      85.5
201706011102    李四    女      17      88.5
201706011103    王五    男      19      79.3
排序之后:
学号              姓名    性别    年龄    成绩
201706011102    李四    女      17      88.5
201706011101    张三    男      18      85.5
201706011103    王五    男      19      79.3
```

9.1.4 结构体指针

结构体变量和结构体数组都可以用指针来操作，结构体类型的指针与基本类型的指针意义相同，使用方式也类似。

1. 结构体指针的定义

与基本类型指针的定义相类似，结构体指针的定义的一般格式如下。

```
struct 结构体名 * 指针变量名;
```

2. 结构体指针的赋值

结构体指针的赋值方式如下。

```
结构体指针 = &结构体变量;
```

或

```
结构体指针 = 结构体数组名;
```

3. 结构体指针的使用

通过结构体指针引用成员的格式如下。

```
结构体指针 ->成员
```

或

```
(*结构体指针).成员
```

【例 9.6】 指向结构体变量的结构体指针用法。

```
#include <stdio.h>
struct date
{
    int year,month,day;
};
main()
{
    struct date d;
    struct date *p;                              //结构体指针的定义
    p = &d;                                      //为结构体指针赋值
    printf("请按年、月、日的顺序输入一个日期:\n");
    scanf("%d%d%d",&(p->year),&(p->month),&(p->day));      //通过指针引用成员
    printf("你输入的日期是: %d-%d-%d\n",p->year,p->month,p->day);
}
```

程序运行结果:

```
请按年、月、日的顺序输入一个日期:
1998
12
31
你输入的日期是: 1998-12-31
```

【例 9.7】 指向结构体数组的结构体指针用法。

```
#include <stdio.h>
struct student
{
    char name[10];
    char sex[3];
    int age;
    double score;
};
main()
{
    int i;
    struct student s[5] = {
                            {"张三","男",18,85.5},
                            {"李四","女",17,88.5},
                            {"王五","男",19,79.3},
                            {"赵六","女",19,70},
                            {"钱七","男",20,85}
                          };
    struct student *p;                  //结构体指针的定义
    p = s;                              //为结构体指针赋值
    printf("姓名\t性别\t年龄\t成绩\n");
    for(i = 0;i < 5;i++)
        printf("%s\t%s\t%d\t%.1lf\n",
          (p + i) -> name,(p + i) -> sex,(p + i) -> age,(p + i) -> score);  //通过指针引
                                                                          //用成员
}
```

程序运行结果：

```
姓名    性别    年龄    成绩
张三    男      18      85.5
李四    女      17      88.5
王五    男      19      79.3
赵六    女      19      70.0
钱七    男      20      85.0
```

9.1.5 链表

当程序需要处理多个同类数据时，可以使用数组。数组是静态的数据结构，它的元素个数在定义时必须确定，一旦定义，其大小就不能改变。在实际应用中，一个程序在每次运行时要处理数据的数量并不确定，数组如果定义小了，将没有足够的空间存放数据，定义大了又会浪费存储空间。为了解决这个矛盾，引入动态数据结构——链表。

链表是结构体最重要的应用,它是一种非固定长度的数据结构,是一种动态存储技术,它可以根据需要,动态开辟内存单元。链表中的每一个元素称为一个结点,链表的第一个结点称为表头结点,最后一个结点称为表尾结点。指向第一个结点的指针称为头指针 head,它是一个非常重要的参数,链表所有操作都要依赖它,头指针不可移动。

由于每次根据需要动态申请内存,链表中的各个结点在内存中一般不是连续存放的,数据元素的逻辑顺序是通过链表中的指针链接次序实现的。链表中的每一个结点包括两个部分:一个是存储数据元素的数据域;另一个是存储下一个结点地址的指针域。在C语言中,这个结点通过结构体递归来实现。

所谓结构体递归,指的是结构体中包含有指向自身结构的指针项。因此,链表的每一个结点都包括两个部分:一是结点本身的数据;二是下一个结点的指针。例如:

```
struct node
{
    int num;
    struct node * next;              //指向自身的结构体指针
};
```

这只是定义了一个 struct node 类型结构体,并未分配内存空间。为了使链表能够动态内存分配和释放内存空间,C 语言提供了相关内存管理函数。

1. 动态内存分配

C 语言利用 malloc()和 free()这两个函数动态分配与释放内存空间,ANSI C 中规定这两个函数定义在头文件 stdlib.h 中。

1) 内存分配函数 malloc()

格式:

```
malloc(size);
```

功能:在内存中分配一个长度为 size 的连续空间。函数的返回值是指向分配区域起始地址的无类型指针。如果分配不成功或 size=0,则返回空指针(NULL)。例如:

```
int *p;
p = (int * )malloc(sizeof(int));
```

以上语句分配一个存放整型数据的内存,并把分配区域的指针赋给指针变量 p。由于 malloc()函数返回值是无类型指针,因此要把指针强制转换成 int 类型再赋值给 p。

```
struct node
{
    int num;
```

```
        struct node * next;
    } * p;
    p = (struct node * )malloc(sizeof(struct node));
```

以上语句分配一个存放结构体类型 struct node 数据的内存，并把分配区域的指针赋给指针变量 p。因 malloc()函数返回无类型指针，因此把指针强制转换成 struct node 类型再赋值给 p。

2) 内存释放函数 free()

格式：

```
free(p);
```

功能：释放指针 p 指向的内存区域。指针 p 必须是动态内存分配函数 malloc()成功返回的首地址。

2. 链表的建立和遍历

链表和数组一样是一种线性结构，除了表尾结点之外，链表的每个结点都存储了下一个结点的地址，即第 1 个结点指向第 2 个结点，第 2 个结点指向第 3 个结点……直到最后一个结点，如此串联下去把不连续的内存连接起来。使用链表最重要的是要能找到链表的表头，只要找到链表的表头，按图索骥就能找到链表的每个结点，因此链表必须有一个称为头指针的特殊指针 head，它指向第 1 个结点。链表最后一个结点不指向任何其他结点，该结点指针设置为空(NULL)。如图 9.1 所示，是一个有 4 个结点的单向链表。其中 101、112、205 和 604 为 4 个结点假设的地址值。

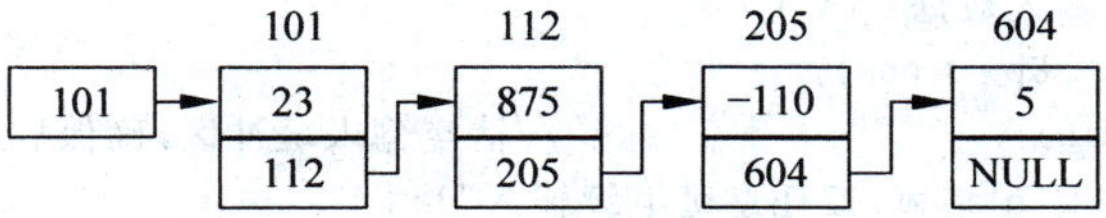

图 9.1 单向链表示意

建立链表就是一个一个地开辟结点，并建立起前后结点关系的过程。建立单向链表有“头插法”和“尾插法”两种。头插法首先构建一个带有头结点的空链表，然后创建结点并在链表的头部插入结点，直到创建好链表，利用这种方法创建链表所输入的内容和遍历该链表输出的内容呈现逆序关系；而尾插法就是在链表的尾部插入结点，直到创建好链表，输入的内容与遍历该链表输出内容表现为对应关系。以尾插法为例，操作步骤如下。

(1) 开辟新结点。

(2) 为结点的数据域赋值。

(3) 将新结点添加到链表尾部。

(4) 开辟下一个结点并重复以上操作。

链表建立好之后，就可以进行访问了，常见的访问有遍历链表。遍历链表就是按一定的顺序访问链表中的每个结点，并且每个结点只访问一次。

【例 9.8】 用尾插法建立一个单向链表，并遍历这个链表。

```
#include <stdio.h>
#include <stdlib.h>
struct node
{
    int num;
    struct node * next;
};
struct node * creatlist();
void showlist(struct node * );
main()
{
    struct node * head;
    head = creatlist();
    showlist(head);
}
struct node * creatlist()                    //创建链表
{
    struct node * head, * p, * tmp;
    char flag = 'y';
    head = NULL;
    while(flag!= 'n'&&flag!= 'N')
    {
        p = (struct node * )malloc(sizeof(struct node));
        if(p == NULL)
            break;
        p -> next = NULL;
        printf("请输入数据: \n");
        scanf(" % d",&p -> num);
        fflush(stdin);                       //清空输入缓冲区,确保后面字符的输入
        printf("输入'n'结束,按任意键继续输入");
        scanf(" % c",&flag);
        if(head == NULL)
        {
            head = p;
            tmp = p;
        }
        else
        {
            tmp -> next = p;
            tmp = p;
        }
    }
    return head;
```

```
}
void showlist(struct node * head)                //输出链表
{
    struct node *p;
    p = head;
    while(p)                                     //遍历链表
    {
        printf(" %d ",p->num);
        p = p->next;
    }
    printf("\n");
}
```

程序运行结果：

```
请输入数据:
12
输入'n'结束,按任意键继续输入
请输入数据:
56
输入'n'结束,按任意键继续输入
请输入数据:
77
输入'n'结束,按任意键继续输入 n
12 56 77
```

3. 链表的插入

链表的插入是指向链表中插入新的结点。建立链表的过程就是不断向链表中插入结点的过程，只是这个结点都是插入表尾。实际上，结点可以插入链表的任何位置，在单向链表中插入新结点，必须记录下插入位置后结点的地址，否则链表断开后就不能再连接起来，如图 9.2 所示。

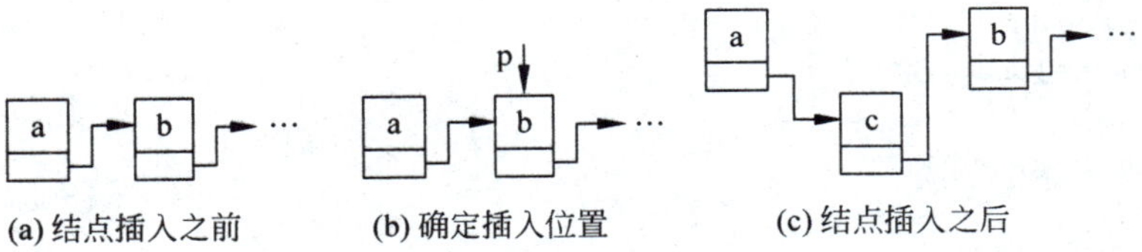

图 9.2 插入结点

【例 9.9】 在已建立好的链表中插入一个新结点。

```
#include <stdio.h>
#include <stdlib.h>
```

```
struct node
{
    int num;
    struct node * next;
};
struct node * creatlist();
void showlist(struct node * );
struct node *  insertnode(struct node * ,struct node  * ,int);
main()
{
    struct node  * head, * n;
    int pos;

    head = creatlist();

    printf("插入操作之前的链表 \n");
    showlist(head);

    n = (struct node  * )malloc(sizeof(struct node));
    n -> next = NULL;
    printf("请输入插入的数据: \n");
    scanf(" % d",&n -> num);
    printf("请输入插入的位置: \n");
    scanf(" % d",&pos);
    head = insertnode(head,n,pos);

    printf("插入操作之后的链表 \n");
    showlist(head);
}
struct node *  insertnode(struct node  * head,struct node  * n,int pos)     //插入结点
{
    struct node  * p, * q;
    int i;

    q = head;
    p = q -> next;
    if(head == NULL)
    {
        head = n;
    }
    else if(pos == 1)
    {
        n -> next = head;
        head = n;
    }
    else
    {
```

```
            for(i = 1;i < pos - 1&&p!= NULL;i++)
            {
                q = p;
                p = p -> next;
            }
            if(i < pos - 1)
            {
                printf("超出链表长度,未能插入!\n");
            }
            else
            {
                q -> next = n;
                n -> next = p;
            }
        }
        return head;
}
struct node * creatlist()                          //创建链表
{
        struct node * head, * p, * tmp;
        char flag = 'y';
        head = NULL;
        while(flag!= 'n'&&flag!= 'N')
        {
            p = (struct node * )malloc(sizeof(struct node));
            if(p == NULL)
                break;
            p -> next = NULL;
            printf("请输入数据: \n");
            scanf(" %d",&p -> num);
            fflush(stdin);
            printf("输入'n'结束,按任意键继续输入 ");
            scanf(" %c",&flag);
            if(head == NULL)
            {
                head = p;
                tmp = p;
            }
            else
            {
                tmp -> next = p;
                tmp = p;
            }
        }
        return head;
}
void showlist(struct node * head)                  //输出链表
```

```
{
    struct node *p, *q;
    p = head;
    while(p)                              //遍历链表
    {
        printf(" %d ",p->num);
        p = p->next;
    }
    printf("\n");
}
```

程序运行结果：

```
请输入数据:
1
输入'n'结束,按任意键继续输入
请输入数据:
3
输入'n'结束,按任意键继续输入
请输入数据:
5
输入'n'结束,按任意键继续输入 n
插入操作之前的链表
1 3 5
请输入插入的数据:
2
请输入插入的位置:
3
插入操作之后的链表
1 3 2 5
```

4. 链表的删除

除了链表的建立、遍历、插入之外，删除链表某一结点也是常用操作之一。删除结点的操作方式是，找到要删除的结点，保存该结点之前和之后的结点地址，将之后的结点地址赋给之前结点的指针项，释放被删除结点的内存，如图 9.3 所示。

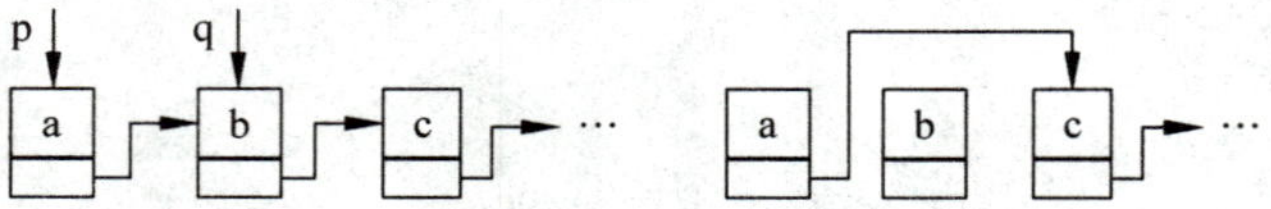

(a) 找到要删除的结点　　(b) 删除结点后

图 9.3　删除结点

【例 9.10】 在已建立好的链表中删除一个结点。

```
#include <stdio.h>
#include <stdlib.h>
struct node
{
    int num;
    struct node * next;
};
struct node * creatlist();
void showlist(struct node * );
struct node * deletenode(struct node * ,int);
main()
{
    struct node * head;
    int pos;

    head = creatlist();

    printf("删除操作之前的链表 \n");
    showlist(head);

    printf("要删除第几个结点: \n");
    scanf("%d",&pos);
    head = deletenode(head,pos);

    printf("删除操作之后的链表 \n");
    showlist(head);
}
struct node * deletenode(struct node * head,int pos)        //删除结点
{
    struct node * p, * q;
    int i;

    q = head;
    p = q->next;
    if(head == NULL)
    {
        printf("链表为空,不能删除!\n");
    }
    else if(pos == 1)
    {
        head = head->next;
    }
    else
    {
        for(i = 1;i < pos - 1&&p!= NULL;i++)
```

```
            {
                q = p;
                p = p -> next;
            }
            if(i < pos - 1)
            {
                printf("超出链表长度,不能删除!\n");
            }
            else
            {
                q -> next = p -> next;
            }
        }
        return head;
}
struct node * creatlist()                               //创建链表
{
    struct node *head, *p, *tmp;
    char flag = 'y';
    head = NULL;
    while(flag!= 'n'&&flag!= 'N')
    {
        p = (struct node *)malloc(sizeof(struct node));
        if(p == NULL)
            break;
        p -> next = NULL;
        printf("请输入数据:\n");
        scanf("%d",&p -> num);
        fflush(stdin);
        printf("输入'n'结束,按任意键继续输入 ");
        scanf("%c",&flag);
        if(head == NULL)
        {
            head = p;
            tmp = p;
        }
        else
        {
            tmp -> next = p;
            tmp = p;
        }
    }
    return head;
}
void showlist(struct node * head)                       //输出链表
{
    struct node *p, *q;
```

```
    p = head;
    while(p)                        //遍历链表
    {
        printf(" %d ",p->num);
        p = p->next;
    }
    printf("\n");
}
```

程序运行结果：

```
请输入数据:
1
输入'n'结束,按任意键继续输入
请输入数据:
2
输入'n'结束,按任意键继续输入
请输入数据:
3
输入'n'结束,按任意键继续输入
请输入数据:
4
输入'n'结束,按任意键继续输入 n
删除操作之前的链表
1 2 3 4
要删除第几个结点:
3
删除操作之后的链表
1 2 4
```

9.2 枚举类型

在实际问题中，有些变量的取值限定为有限的几个整数。例如，一个星期只有7天，一年只有12个月等。如果为这些值取一个名字，在后续代码中使用起来更为方便。采用宏定义是一个办法，但宏名过多，代码松散，程序可读性差。为此，C语言提供了一种称为“枚举”的类型。在枚举类型的定义中列举出所有可能的取值，枚举类型变量取值不能超过定义的范围。枚举使程序更为直观，增加了程序可读性。

枚举类型的定义格式如下：

```
enum 枚举类型名
{
    枚举表列;
};
```

例如，以下语句定义了 enum weekday 的枚举类型，{}内为枚举值，即变量所有可能的取值。

```
enum weekday{mon,tue,wed,thu,fri,sat,sun};
```

权举类型的定义格式说明如下。

(1) enum 是关键字，标识枚举类型。定义枚举类型必须用 enum 开头。

(2) weekday 是一个标识符，可以看成这个集合的名字，它是一个可选项，可以省略，即定义一个无名枚举。

(3) 枚举类型是一个集合，集合中的元素（枚举成员）是一些命名的整型常量，元素之间用逗号隔开。集合中的名字是程序员自己设定的，这些名字只是一个符号，但注意命名时要做到见名知意，以提高程序的可读性。

(4) 第 1 个枚举成员的默认值为整型常量 0，后续枚举成员的值在前一个成员上加 1。也可以在定义枚举类型时指定成员的值，从而将其定义为某个范围内的整数。

(5) 类型定义以分号(;)结束。

【例 9.11】 定义一个枚举类型，输出枚举成员的值。

```
#include <stdio.h>
main()
{
    enum weekday{mon,tue,wed,thu,fri,sat,sun};
    printf("%d %d %d %d %d %d %d\n",mon,tue,wed,thu,fri,sat,sun);
}
```

程序运行结果：

```
0 1 2 3 4 5 6
```

【例 9.12】 定义一个枚举类型，自定义枚举成员的值。

```
#include <stdio.h>
main()
{
    enum weekday{mon = 1,tue,wed,thu,fri,sat,sun};
    printf("%d %d %d %d %d %d %d\n",mon,tue,wed,thu,fri,sat,sun);
}
```

程序运行结果：

```
1 2 3 4 5 6 7
```

【例 9.13】 定义一个枚举类型,自定义枚举成员的数据范围。

```
#include <stdio.h>
main()
{
    enum choose{no,yes,cancel = -1};
    enum choose c1,c2;                  //定义枚举类型变量
    c1 = cancel;                        //为枚举类型变量赋值
    c2 = no;
    printf("c1 = %d,c2 = %d\n",c1,c2);
}
```

程序运行结果:

```
c1 = -1,c2 = 0
```

【例 9.14】 无名枚举的定义和使用。

```
#include <stdio.h>
main()
{
    enum {red = 5,green,blue} color;        //定义无名枚举的同时定义枚举变量 color
    printf("请输入 5~7 的数字: ");
    scanf("%d",&color);
    switch(color)
    {
        case red:printf("红色!\n");break;
        case green:printf("绿色!\n");break;
        case blue:printf("蓝色!\n");break;
        default: printf("输入错误!\n");
    }
}
```

程序运行结果:

```
请输入 5~7 的数字: 6
绿色!
```

【例 9.15】 枚举类型的应用——石头剪刀布游戏。

```
#include <stdio.h>
#include <time.h>
```

```
#include<stdlib.h>
enum game{stone=1,shears,cloth};          //定义全局枚举类型,以便在各函数中使用
char * print(enum game);
main()
{
    enum game computer,person;
    srand((int)time(NULL));
    //随机产生 1~3 的数字,强制转换为 enum game 类型后赋值
    computer=(enum game)rand()%3+1;
    printf(" ****************************** \n");
    printf(" 1-石头 2-剪刀 3-布\n");
    printf(" ****************************** \n");
    printf("你选择: ");
    scanf("%d",&person);
    printf("你: %s\n",print(person));
    printf("计算机: %s\n",print(computer));
    if(computer==stone&&person==cloth||
       computer==shears&&person==stone||
       computer==cloth&&person==shears)
            printf("你赢了!\n");
    else if(computer==person)
       printf("平手\n");
    else
       printf("你输了!\n");
}
char * print(enum game g)
{
    switch(g)
    {
       case stone:return "石头";break;
       case shears:return "剪刀";break;
       case cloth:return "布";break;
    }
}
```

程序运行结果：

```
***********************************
     1-石头  2-剪刀  3-布
***********************************
你选择: 1
你: 石头
计算机: 石头
平手
```

9.3 共用体

在针对一些算法进行 C 语言编程时，需要使几种不同类型的变量存放到同一段内存单元中。也就是使用覆盖技术，几个变量相互覆盖。这种几个不同的变量共同占用一段内存的结构，在 C 语言中被称为共用体结构，简称共用体(也称为联合体)。

共用体类型定义格式如下。

```
union 共用体名
{
    成员列表
};
```

例如：

```
union data
{
    int a;
    double b;
    char c;
};
```

以上语句定义了 union data 的共用体类型，有 int、double、char 3 种类型成员，成员变量 a、b、c 将占用同一段内存。

共用体类型的定义格式说明如下。

(1) union 是关键字，标识共用体类型。定义共用体类型必须用 union 开头。

(2) data 是一个标识符，可以看作共用体名，它是可选项，可以省略，即定义一个无名共用体。

(3) union 成员共享同一段内存，大小由占用内存最大的成员的大小决定。

(4) 共用体使用了内存覆盖技术，同一时刻只能保存一个成员的值，如果对新的成员赋值，就会把原来成员的值覆盖掉。

(5) 类型定义以分号(;)结束。

【例 9.16】 定义一个共用体类型，输出共用体占用内存空间大小。

```
#include <stdio.h>
main()
{
    union data
    {
        int a;
        double b;                    //double 类型占用内存字节数最多，决定共用体的大小
```

```
        char c;
    };
    printf("共用体 data 占用 %d 字节\n",sizeof(union data));
}
```

程序运行结果：

```
共用体 data 占用 8 字节
```

【例 9.17】 共用体成员的引用。

```
#include <stdio.h>
union data
{
    int a;
    double b;
    char c;
};
main()
{
    union data d;
    d.a = 45;
    printf("d.a = %d\n",d.a);
    d.b = 3.14;
    printf("d.b = %.2lf\n",d.b);
    d.c = 'W';
    printf("d.c = %c\n",d.c);
}
```

程序运行结果：

```
d.a = 45
d.b = 3.14
d.c = W
```

【例 9.18】 无名共用体的定义。

```
#include <stdio.h>
#include <string.h>
union
{
    int a;
    char c[10];
}d;                          //无名共用体,定义共用体同时定义变量 d
```

```
main()
{
    strcpy(d.c,"abc\n56d\0test");
    d.a = strlen(d.c);
    printf("length is: % d\n",d.a);
}
```

程序运行结果：

```
length is:7
```

9.4 别名

C 语言允许为一个数据类型取一个新的别名，就像给人起“绰号”一样。取别名的目的不是为了提高程序运行效率，而是为了编码方便。例如，已经定义结构体 student，要定义结构体变量的格式如下。

```
struct student  s;
```

struct 看起来多余又烦琐，但不写又会报错。如果为 struct student 取了一个别名 STU，定义结构体变量就简单了。

```
STU  s;
```

这种写法更加简练，意义非常明确，在编程实践中，会大量使用这种别名。

在 C 语言中可以使用关键字 typedef 为类型取一个新的别名，语法格式如下。

```
typedef  类型名  别名;
```

例如：

```
typedef float SINGLE;            //为单精度浮点型 float 取别名 SINGLE
SINGLE a;                        //用 SINGLE 定义变量 a,等价于 float a;
typedef struct student
{
    char name[10];
    char sex[3];
    int age;
}STU;                            //为结构体 struct student 取别名 STU
STU s;                           //用 STU 定义变量 s,等价于 struct student s;
```

```
typedef struct
{
    int year,month,day;
}DATE;                              //为无名结构取别名 DATE
DATE d;                             //用 DATE 定义变量 d,与定义无名结构同时定义变量结果相同
typedef char * CHPOINTER;           //为 char * 取别名 CHPOINTER
CHPOINTER p;                        //用 CHPOINTER 定义变量 p,与 char * p;等价
```

typedef 可以给基本类型以及数组、指针、结构体类型、枚举类型、共用体类型等各种类型取别名。需要强调的是，typedef 只是赋予现有类型一个新的名字，而不是创建新的类型。为了“见名知意”，要尽量使用含义明确的标识符，并且尽量大写。

习题 9

一、选择题

1. 定义一个结构体变量，系统为它分配的内存空间是(　　)。

A. 结构体中一个成员所需的内存容量

B. 结构体中第 1 个成员所需的内存容量

C. 结构体中占内存容量最大者所需的内存容量

D. 结构体各成员所需内存容量之和

2. 设 int 类型占用 4 字节存储空间，若有下面的说明和定义，则 sizeof(struct test)的值是(　　)。

```
struct test
{
    int ml; char m2; float m3;
};
```

A. 8　　B. 9　　C. 10　　D. 11

3. 设有以下声明语句：

```
typedef struct
{
    int n;
    char ch[8];
}PER;
```

则下面叙述中正确的是(　　)。

A. PER 是结构体变量名　　B. PER 是结构体类型名

C. typedef struct 是结构体类型名　　D. struct 是结构体类型名

4. 以下程序的输出结果是(　　)。

```
struct STU
{
    char num[10];
    float score[3];
};
main()
{
    struct stu s[3] = {{"20021",90,95,85},
                       {"20022",95,80,75},
                       {"20023",100,95,90}}, * p = s;
    int i;
    float sum = 0;
    for(i = 0;i < 3;i++)
        sum = sum + p -> score;
    printf(" % 6.2f\n",sum);
}
```

A. 260.00　　B. 270.00　　C. 280.00　　D. 285.00

5. 设有如下定义：

```
struck sk
{
    int a;
    float b;
}data;
int * p;
```

若要使 P 指向 data 中的 a 域，正确的赋值语句是(　　)。

A. p=&a;　　B. p=data.a;

C. p=&data.a;　　D. *p=data.a;

6. 若有以下声明和定义：

```
typedef int INTEGER;
INTEGER p, * q;
```

则以下叙述不正确的是(　　)。

A. p 是 int 型变量

B. p 是基类型为 int 的指针变量

C. q 是基类型为 int 的指针变量

D. 程序中可用 INTEGER 代替 int 类型名

7. 设有如下声明：

```
typedef struct
{   int n; char c; double x;   }STD;
```

则以下选项中，能正确定义结构体数组并赋初值的语句是(　　)。

A. STD tt[2]={{1,'A',62},{2, 'B',75}};

B. STD tt[2]={1,"A",62},2, "B",75};

C. struct tt[2]={{1,'A'},{2, 'B'}};

D. structtt[2]={{1,"A",62.5},{2, "B",75.0}};

8. 若要说明一个类型名 STP，使定义 STP s 等价于 char *s，以下选项中正确的是(　　)。

A. typedef STP char *s;

B. typedef *char STP;

C. typedef stp *char;

D. typedef char* STP;

9. 设有如下定义：

```
struct ss
{
    char name[10];
    int age;
    char sex;
}std[3], *p=std;
```

则下面各输入语句中错误的是(　　)。

A. scanf("%d",&(*p).age);

B. scanf("%s",&std.name);

C. scanf("%c",&std[0].sex)

D. scanf("%c",&(p->sex));

10. 以下选项中，不能正确把 cl 定义成结构体变量的是(　　)。

A.
```
typedef struct
{   int red;
    int green;
    int blue;
} COLOR;
COLOR cl;
```

B.
```
struct color cl
{   int red;
    int green;
    int blue;
};
```

C.
```
struct color
{   int red;
    int green;
    int blue;
} cl;
```

D.
```
struct
{   int red;
    int green;
    int blue;
} cl;
```

11. 设有以下语句：

```
typedef struct S
{   int g; char h;   } T;
```

则下面叙述中正确的是(　　)。

A. 可以用 S 定义结构体变量　　B. 可以用 T 定义结构体变量

C. S 是 struct 类型的变量　　D. T 是 struct S 类型的变量

12. 以下程序的输出结果是(　　)。

```
struc STU
{    char name[10];
     int num;
};
void f1(struct STU C)
{    struct STU b = {"LiSiGuo",2042};
     c = b;
}
void f2(struct STU  * C)
{    struct STU b = {"SunDan",2044};
      * c = b;
}
main( )
{    struct STU a = {"YangSan",2041},b = {"WangYin",2043};
     f1(A) ;f2(&B) ;
     printf(" % d  % d\n",a.num,b.num);
}
```

A. 2041 2044　　B. 2041 2043　　C. 2042 2044　　D. 2042 2043

13. 以下程序的输出结果是(　　)。

```
struct STU
{    char name[10];
     int num;
     int Score;
};
main( )
{    struct STU s[5] = {{"YangSan",20041,703},{"LiSiGuo",20042,580},
                        {"WangYin",20043,680},{"SunDan",20044,550},
                        {"Penghua",20045,537}}, * p[5], * t;
     int i,j;
     for(i = 0;i < 5;i++) p = &s;
     for(i = 0;i < 4;i++)
       for(j = i + 1;j < 5;j++)
```

```
        if(p->Score>p[j]->Score)
        {  t=p;p=p[j];p[j]=t;  }
    printf("5d %d\n",s[1].Score,p[1]->Score);
}
```

A. 550 550　　B. 680 680　　C. 580 550　　D. 580 680

14. 以下程序的输出结果是(　　)。

```
#include
struct NODE
{
    int num;
    struct NODE *next;
};
main( )
{
    struct NODE *p, *q, *r;
    int sum=0;
    p=(struct NODE *)malloc(sizeof(struct NODE));
    q=(struct NODE *)malloc(sizeof(struct NODE));
    r=(struct NODE *)malloc(sizeof(struct NODE));
    p->num=1;q->num=2;r->num=3;
    p->next=q;q->next=r;r->next=NULL;
    sum+=q->next->num;sum+=p->num;
    printf("%d\n",sum);
}
```

A. 3　　B. 4　　C. 5　　D. 6

二、编程题

1. 定义一个日期型结构体,从键盘任意输入一个日期,输出该日期是本年的第几天。

2. 定义一个员工结构体类型,包括员工号、姓名、年龄(或出生日期)、工资等信息。从键盘输入10个员工的信息,求他们的总工资及平均工资。

3. 定义一个学生结构体类型,包括学号、姓名、年龄等信息,从键盘输入10个学生的信息,按年龄排序之后输出排序结果。

4. 一年有春、夏、秋、冬四季,一年里庄稼按春种、夏长、秋收、冬藏的规律生长。定义并应用一个季节枚举类型,根据用户输入的季节,输出庄稼的生长状态。

第 10 章

文 件

学习目标

1. 了解文件的概念、文件的分类。
2. 掌握文件指针的概念及文件指针的使用。
3. 掌握文件打开/关闭函数。
4. 掌握文件读/写函数。
5. 掌握文件定位函数。
6. 掌握文件检错及处理函数。

10.1 文件概述

在之前的学习中，程序运行时，需要处理的数据都是从键盘输入，处理结果也只能输出到屏幕。如果能将数据以磁盘文件的形式存储起来，一方面在进行大批量数据处理时，会非常方便；另一方面程序处理的结果也得以保存，可以随时查看。

1. 文件的概念

文件是计算机领域的一个重要概念，是指存储在外部介质上的数据的集合。存储程序代码的文件称为程序文件，存储数据的文件称为数据文件。

文件都有文件名，用来标识自身，方便使用者识别文件和使用文件。一般来说，文件名由文件正名和扩展名组成，格式如下。

```
文件名.扩展名
```

文件名由用户自行拟定，命名规则与变量名命名规则相同。文件正名最好能做到“见名知意”，即文件名能够反映文件的意义或内容。文件的扩展名反映文件的类型或性质，可以省略，但省略文件扩展名之后影响操作系统识别文件类型而不便于使用。文件扩展名最好使用规范的名称，不要随意定义。

2. 文件的分类

(1) 按数据的组织方式，文件可以分为文本文件和二进制文件。文本文件是扩展名为.txt 的文件，也称为 ASCII 码文件。这类文件每一个字节存储一个 ASCII 码字符。文本文件内容可以使用记事本等软件查看。

二进制文件中的数据按照它的二进制编码形式存储。一般的可执行文件都是二进制文件，如扩展名为.exe 或.com 的文件。二进制文件的内容无法使用记事本等软件查看。

(2) 按读/写方式，文件可以分为顺序文件和随机文件。顺序文件的特点是在进行读/写操作时，总是从文件的开头开始，从头到尾进行顺序读/写。

随机文件的特点是可以从指定的位置开始读/写。

3. 文件指针

C 语言采用缓冲机制处理文件，ANSI C 标准中 C 语言操作文件，要通过一个 FILE 类型的指针，即文件指针来进行。文件指针实际上是指向一个结构体类型的指针，该结构体用来保存与文件相关的重要信息，例如，缓冲区的大小、缓冲区中当前存取的字符的位置、文件缓冲区的使用程度、文件操作方式、文件内部读/写位置、是否出错、是否已经遇到文件结束标志等。FILE 类型是 C 语言系统定义的一种标准类型，包含在头文件 stdio.h 中。

文件指针定义的一般格式如下。

```
FILE * 指针变量名;
```

例如:

```
FILE * fp;                    //定义一个文件指针变量 fp
```

10.2 文件的常用操作

使用文件要遵循一定的规则,在使用文件之前应该先打开文件,操作结束之后要及时关闭文件。使用文件的一般过程是,打开文件→操作文件(读、写、追加、定位等)→关闭文件。在 C 语言中,文件操作都是由库函数来完成的。相关库函数原型定义在头文件 stdio.h 中。

10.2.1 文件的打开和关闭

1. 打开文件函数 fopen()

格式:

```
FILE * fopen(文件名,文件操作方式);
```

功能:以指定的操作方式打开一个文件,并返回一个 FILE 类型指针,该指针指向被打开文件的信息结构体。如果文件打开失败,返回 NULL。

例如:

```
FILE * fp;                 //定义文件指针
fp = fopen("test.txt","w"); //以只写的方式打开文件 test.txt,指针 fp 指向文件 test.txt
```

定义说明如下。

(1) 文件名可以是绝对路径和相对路径。绝对路径包含文件的访问路径,如 D:\Example\test.txt,被使用的文件在 D:\Example 文件夹下;相对路径只有文件名,如 test.txt,被使用的文件与程序须在同一文件夹中。

(2) 文件的操作方式是系统规定的符号常量,如表 10.1 所示。

表 10.1 文件操作方式列表

操作方式	含 义
r	以只读方式打开一个文本文件,指针指向文件头,从此处读取数据。若文件不存在,返回 NULL
w	以只写方式打开或创建一个文本文件,指针指向文件头。若文件已经存在,则覆盖原有内容

续表

操作方式	含　义
a	以追加方式打开一个文本文件，指针指向文件尾
r+	以读/写方式打开一个已经存在的文本文件，指针指向文件头，以覆盖方式写文件
w+	以读/写方式打开或创建一个文本文件，若文件已经存在，则覆盖原有内容
a+	以读/写方式打开或创建一个文本文件，读从文件头开始；写从文件尾部追加
rb	以只读方式打开一个二进制文件，指针指向文件头，从此处读取数据。若文件不存在，返回NULL
wb	以只写方式打开或创建一个二进制文件，指针指向文件头。若文件已经存在，则覆盖原有内容
ab	以追加方式打开一个二进制文件，指针指向文件尾
rb+	以读/写方式打开一个已经存在的二进制文件，指针指向文件头，以覆盖方式写文件
wb+	以读/写方式打开或创建一个二进制文件，若文件已经存在，则覆盖原有内容
ab+	以读/写方式打开或创建一个二进制文件，读从文件头开始；写从文件尾部追加

【例 10.1】 创建一个文本文件，并输出是否成功的信息。

```
#include <stdio.h>
main()
{
    FILE *fp;
    fp=fopen("d:\\myfile.txt","w");
    if(fp!=NULL)
    {
        printf("文件打开成功!\n");
    }
    else
    {
        printf("文件打开失败!\n");
    }
}
```

程序运行结果：

```
文件打开成功!
```

2. 关闭文件函数 fclose()

文件操作完毕，要及时关闭文件。关闭文件时，系统会对与文件相关联的缓冲区数据进行分析，并自动将缓冲区中修改过的数据全部写入磁盘文件，以避免数据丢失。

格式：

```
fclose(文件指针);
```

【例 10.2】 完善例 10.1。

```
#include <stdio.h>
main()
{
    FILE *fp;
    fp = fopen("d:\\myfile.txt","w");
    if(fp!= NULL)
    {
        printf("文件打开成功!\n");
        fclose(fp);                    //关闭文件
    }
    else
    {
        printf("文件打开失败!\n");
    }
}
```

10.2.2 字符读/写函数

1. 读字符函数 fgetc()

格式：

```
ch = fgetc(fp);
```

功能：函数 fgetc()返回从文件 fp 中读取的一个字符并存入 ch。函数 fgetc()返回一个字符之后，会移动文件指针指向下一个字符，如果文件指针移到文件尾，则返回 EOF(EOF 是文件结尾标志，是定义在 stdio.h 中的符号常量，值为－1)。

【例 10.3】 设 D 盘有文本文件 test.txt，其内容为“demo”，读取文件中的第 1 个字符并显示在屏幕上。

```
#include <stdio.h>
main()
{
    FILE *fp;
    char ch;
    fp = fopen("d:\\test.txt","r");
    if(fp!= NULL)
    {
        ch = fgetc(fp);
        printf("文件 test.txt 的第一个字符是 %c\n",ch);
```

```
        fclose(fp);
    }
    else
    {
        printf("文件打开失败!\n");
    }
}
```

程序运行结果：

```
文件 test.txt 的第一个字符是 d
```

2. 写字符函数 fputc()

格式：

```
fputc(ch,fp);
```

功能：函数 fputc()向文件 fp 写入一个字符 ch。如果写入成功，则返回该字符；如果写入失败，则返回 EOF。

【例 10.4】 从键盘输入一个字符，然后把该字符写入文件 d:\\test.txt。

```
#include <stdio.h>
main()
{
    FILE *fp;
    char ch;
    printf("请输入一个字符: ");
    ch = getchar();
    fp = fopen("d:\\test.txt","w");
    if(fp!= NULL)
    {
        fputc(ch,fp);
        printf("字符已成功写入文件\n");
        fclose(fp);
    }
    else
    {
        printf("文件打开失败!\n");
    }
}
```

程序运行结果：

```
请输入一个字符：E
字符已成功写入文件
```

10.2.3 字符串读/写函数

1. 读字符串函数 fgets()

格式：

```
fgets(s,n,fp);
```

功能：从文件 fp 中读取 n－1 个字符存入字符数组 s。若在读取 n－1 个字符之前遇到换行符或文件结束标志，则系统会中止读取，换行符也作为有效字符读入。

【例 10.5】 设 D 盘有文本文件 test.txt，其内容为"This is a demo."，读取其中 7 个字符并显示在屏幕上。

```
#include <stdio.h>
#include <string.h>
#define N 20
main()
{
    FILE *fp;
    char s[N];

    fp = fopen("d:\\test.txt","r");
    if(fp!= NULL)
    {
        fgets(s,8,fp);
        puts(s);
        fclose(fp);
    }
    else
    {
        printf("文件打开失败!\n");
    }
}
```

程序运行结果：

```
This is
```

2. 写字符串函数 fputs()

格式：

```
fputs(s,fp);
```

功能：将字符串 s 写入文件 fp。写入成功返回 0 值；写入失败返回 EOF。

【例 10.6】 将字符串“这是我第一次写文件”写入 d:\\test.txt。

```
#include <stdio.h>
#include <string.h>
#define N 20
main()
{
    FILE *fp;
    char s[N] = "这是我第一次写文件";

    fp = fopen("d:\\test.txt","w");
    if(fp!= NULL)
    {
        fputs(s,fp);
        puts("字符串已成功写入文件");
        fclose(fp);
    }
    else
    {
        printf("文件打开失败!\n");
    }
}
```

程序运行结果：

```
字符串已成功写入文件
```

10.2.4 格式化读/写函数

1. 格式化输入函数 fscanf()

格式：

```
fscanf(fp, "格式字符串",参数列表);
```

功能：从文件 fp 中以指定格式读取数据，并存入参数表列指定的变量。fscanf()函数返回读取成功的数据个数。

【例 10.7】 设 D 盘有文本文件 test. txt,其内容为“234 5. 5 789 over”,读取文件中的内容并显示在屏幕上。

```
#include <stdio.h>
#define N 20
main()
{
    FILE *fp;
    char s[N],ch;
    int num1;
    double num2;

    fp = fopen("d:\\test.txt","r");
    if(fp!= NULL)
    {
        fscanf(fp,"%s%c%lf%d",s,&ch,&num2,&num1);
        printf("s = %s\n",s);
        printf("ch = %c\n",ch);
        printf("num1 = %d\n",num1);
        printf("num2 = %.2lf\n",num2);
        fclose(fp);
    }
    else
    {
        printf("文件打开失败!\n");
    }
}
```

程序运行结果:

```
s = 234
ch =
num1 = 789
num2 = 5.50
```

2. 格式化输出函数 fprintf()

格式:

```
fprintf(fp, "格式字符串",参数列表);
```

功能:向文件 fp 中以指定格式写入参数列表的数据信息。

【例 10.8】 从键盘输入一个学生的信息,然后把该信息写入文件 stuinfo.txt。

```
#include <stdio.h>
typedef struct
{
    char name[10];
    char sex[3];
    int age;
    double score;
}student;
main()
{
    FILE *fp;
    student stu;

    printf("请输入学生姓名、性别、年龄、成绩: \n");
    scanf("%s%s%d%lf",stu.name,stu.sex,&stu.age,&stu.score);

    fp=fopen("stuinfo.txt","w");
    if(fp!=NULL)
    {
        fprintf(fp,"%s %s %d %.1lf\n",stu.name,stu.sex,stu.age,stu.score);
        printf("写入成功!\n");
        fclose(fp);
    }
    else
    {
        printf("文件打开失败!\n");
    }
}
```

程序运行结果:

```
请输入学生姓名、性别、年龄、成绩:
张三 男 18 73.5
写入成功!
```

10.2.5 数据块读/写函数

1. 写入数据块函数 fwrite()

格式:

```
fwrite(buffer,size,count,fp);
```

功能：把 buffer 中 size×count 的数据块写到文件 fp 中。

其中，buffer 是接收文件数据的内存首地址，通常是数组名、指针变量等；size 是一个数据块的字节数；count 是一次写入数据块的数量。

【例 10.9】 从键盘输入员工信息，写入文件 empinfo.txt。

```
#include <stdio.h>
#define N 2
typedef struct
{
    char name[10];
    char sex[3];
    char phone[16];
    int age;
}employee;
main()
{
    FILE *fp;
    employee emp[2];
    int i;

    printf("请输入两名员工的姓名、性别、电话、年龄：\n");
    for(i=0;i<N;i++)
        scanf("%s%s%s%d",emp[i].name,emp[i].sex,emp[i].phone,&emp[i].age);

    fp=fopen("empinfo.txt","w");
    if(fp!=NULL)
    {
        fwrite(emp,sizeof(employee),2,fp);
        printf("写入成功\n");
        fclose(fp);
    }
    else
    {
        printf("文件打开失败!\n");
    }
}
```

程序运行结果：

```
请输入两名员工的姓名、性别、电话、年龄：
张三 男 13312344321 45
李四 女 18945677654 32
写入成功
```

2. 读取数据块函数 fread()

格式：

```
fread(buffer,size,count,fp);
```

功能：把文件 fp 中 size×count 的数据块读到内存 buffer 数组中。fread()函数各参数含义与 fwrite()函数相同。

【例 10.10】 将例 10.9 中写入的文件 empinfo.txt 中的数据读取出来并显示在屏幕上。

```
#include <stdio.h>
#define N 2
typedef struct
{
    char name[10];
    char sex[3];
    char phone[16];
    int age;
}employee;
main()
{
    FILE *fp;
    employee emp[2];
    int i;

    fp=fopen("empinfo.txt","r");
    if(fp!=NULL)
    {
        fread(emp,sizeof(employee),2,fp);
        printf("\n输出员工信息：\n");
        printf("姓名\t性别\t电话\t\t年龄\n");
        for(i=0;i<N;i++)
            printf("%s\t%s\t%s\t%d\n",
                    emp[i].name,emp[i].sex,emp[i].phone,emp[i].age);
        fclose(fp);
    }
    else
    {
        printf("文件打开失败!\n");
    }
}
```

程序运行结果：

```
输出员工信息:
姓名    性别    电话          年龄
张三    男      13312344321   45
李四    女      18945677654   32
```

10.2.6 文件的随机读/写

1. 移动文件指针函数 fseek()

格式：

```
fseek(fp,offset,origin);
```

功能：移动文件指针 fp 到指定位置，使该位置成为读/写数据的起始位置。其中，offset 是以字节为单位的位移量，为整型数据，正数表示指针向后移，负数表示指针向前移；origin 是位移的基点，表示位移量以哪个点为基准。基点是系统规定的符号常量，可以用符号代替，也可以用数值代替。基点符号及其含义如表 10.2 所示。

表 10.2 基点符号及其含义

基点符号	对应数值	含义
SEEK_SET	0	文件开头
SEEK_CUR	1	文件指针当前位置
SEEK_END	2	文件尾

二进制文件的基点可以是表 10.2 所示的 3 个符号常量之一，文本文件只能是 SEEK_SET。fseek()函数常用于二进制文件，因为文本文件要进行字符的转换，这会为文件指针位置计算带来混乱。

例如：

```
fseek(fp,4,1);            //表示文件指针相对于当前位置向后移动 4B
fseek(fp,-10,2);          //表示文件指针相对于文件尾向前移动 10B
```

2. 重置文件指针函数 rewind()

格式：

```
rewind(fp);
```

功能：将文件指针移动到文件头。操作成功返回 0；否则返回非 0。

3. 文件指针位置检测函数 ftell()

格式：

```
ftell(fp);
```

功能：获取文件指针的当前位置。操作成功返回指针相对于文件头的字节数；操作失败返回-1。

【例 10.11】 将员工信息写入二进制文件 empinfo.dat，随机读取其中的信息并显示出来。

```
#include <stdio.h>
#define N 3
typedef struct
{
    char name[10];
    char sex[3];
    char phone[16];
    int age;
}employee;
main()
{
    FILE *fp;
    employee emp1[N],emp2[N] = {{"Mike","m","17723455432",34},
                                {"Mary","f","17267899876",32},
                                {"Tom","m","13756788765",40}};
    int pos;

    fp = fopen("empinfo.dat","wb+");
    if(fp!= NULL)
    {
        fwrite(emp2,sizeof(employee),3,fp);
        printf("写入成功\n");

        pos = ftell(fp);
        printf("写入后文件指针离文件头%d字节\n",pos);

        rewind(fp);
        pos = ftell(fp);
        printf("复位文件指针后离文件头%d字节\n",pos);

        fread(&emp1[0],sizeof(employee),1,fp);
```

```
        printf("\n 读取到的员工信息: \n");
        printf("姓名\t 性别\t 电话\t\t 年龄\n");
        printf("%s\t%s\t%s\t%d\n",
               emp1[0].name,emp1[0].sex,emp1[0].phone,emp1[0].age);

        pos = ftell(fp);
        printf("\n 读取之后文件指针离文件头 %d 字节\n",pos);

        fseek(fp,sizeof(employee),SEEK_CUR);
        pos = ftell(fp);
        printf("\n 移动文件指针后离文件头 %d 字节\n",pos);

        fread(&emp1[1],sizeof(employee),1,fp);
        printf("\n 读取到的员工信息: \n");
        printf("姓名\t 性别\t 电话\t\t 年龄\n");

        printf("%s\t%s\t%s\t%d\n",emp1[1].name,emp1[1].sex,emp1[1].phone,emp1[1].age);

        fclose(fp);
    }
    else
    {
        printf("文件打开失败!\n");
    }
}
```

程序运行结果：

```
写入成功
写入后文件指针离文件头 108 个字节
复位文件指针后离文件头 0 字节

读取到的员工信息:
姓名    性别    电话            年龄
Mike    m       17723455432     34

读取之后文件指针离文件头 36 字节

移动文件指针后离文件头 72 字节

读取到的员工信息:
姓名    性别    电话            年龄
Tom     m       13756788765     40
```

10.2.7 文件检测函数

1. 文件结束检测函数 feof()

格式：

```
feof(fp);
```

功能：检测文件指针是否到文件尾，如果文件指针处于文件尾，返回 1；否则返回 0。

2. 文件出错检测函数 ferror()

格式：

```
ferror(fp);
```

功能：检测文件在使用读/写函数时是否有错，没有错误返回 0；否则返回 1。

对于同一个文件，每次使用读/写函数时都产生一个 ferror()函数值，可以调用 ferror()函数检测是否有错，以便于修正操作。

3. 清除出错标记函数 clearer()

格式：

```
clearer(fp);
```

功能：将文件的出错标记和文件结束标记重置为 0。

习题 10

一、选择题

1. 以下叙述中不正确的是(　　)。
   A. C 语言中，文本文件以 ASCII 码形式存储数据
   B. C 语言中，对二进制文件的访问速度比文本文件快
   C. C 语言中，随机读/写方式不适用于文本文件
   D. C 语言中，顺序读/写方式不适用于二进制文件
2. 下列关于 C 语言数据文件的叙述中正确的是(　　)。
   A. 文件由 ASCII 码字符序列组成，C 语言只能读/写文本文件
   B. 文件由二进制数据序列组成，C 语言只能读/写二进制文件
   C. 文件由记录序列组成，可按数据的存放形式分为二进制文件和文本文件

D. 文件由数据流形式组成，可按数据的存放形式分为二进制文件和文本文件

3. 若 fp 已正确定义并指向某个文件，当未遇到该文件结束标志时函数 feof(fp)的值为(　　)。

A. 0　　B. 1　　C. −1　　D. 一个非 0 值

4. 以下与函数 fseek(fp,0L,SEEK_SET)有相同作用的是(　　)。

A. feof(fp)　　B. ftell(fp)　　C. fgetc(fp)　　D. rewind(fp)

5. 以下程序的输出结果是(　　)。

```
#include <stdio.h>
main()
{
    FILE *fp; int i, k, n;
    fp = fopen("data.dat", "w+");
    for(i = 1; i<6; i++)
    {   fprintf(fp," %d ",i);
        if(i%3 == 0) fprintf(fp,"\n");
    }
    rewind(fp);
    fscanf(fp, "%d%d", &k, &n); printf("%d %d\n", k, n);
    fclose(fp);
}
```

A. 0 0　　B. 123 45　　C. 1 4　　D. 1 2

6. 以下程序的输出结果是(　　)。

```
#include <stdio.h>
main( )
{
    FILE *fp; int i,a[4] = {1,2,3,4},b;
    fp = fopen("data.dat","wb");
    for(i = 0;i<4;i++) fwrite(&a,sizeof(int),1,fp);
    fclose(fp);
    fp = fopen("data.dat","rb");
    fseek(fp, -2L*sizeof(int).SEEK_END); //使位置指针从文件尾向前移 2*sizeof(int)字节)
    fread(&b,sizeof(int),1,fp);        /*从文件中读取 sizeof(int)字节的数据到变量 b 中*/
    fclose(fp);
    printf("%d\n",B) ;
}
```

A. 2　　B. 1　　C. 4　　D. 3

7. 以下程序的输出结果是(　　)。

```
#include <stdio.h>
main( )
```

```
{
    FILE *fp; int i,k=0,n=0;
    fp=fopen("d1.dat","w");
    for(i=1;i<4;i++) fprintf(fp,"%d",i);
    fclose(fp);
    fp=fopen("d1.dat","r");
    fscanf(fp,"%d%d",&k,&n); printf("%d %d\n",k,n);
    fclose(fp);
}
```

A. 1 2　　B. 123 0　　C. 1 23　　D. 0 0

8. 有如下程序：

```
#include <stdio.h>
main()
{
    FILE *fp1;
    fp1=fopen("f1.txt","w");
    fprintf(fp1,"abc");
    fclose(fp1);
}
```

若文本文件 f1.txt 中原有内容为 good，则运行以上程序后文件 f1.txt 中的内容为(　　)。

A. goodabc　　B. abcd　　C. abc　　D. abcgood

9. 有以下程序：

```
#include <stdio.h>
void WriteStr(char *fn,char *str)
{
    FILE *fp;
    fp=fopen(fn,"w");fputs(str,fp);fclose(fp);
}
main()
{
    WriteStr("t1.dat","start");
    WriteStr("t1.dat","end");
}
```

程序运行后，文件 t1.dat 中的内容是(　　)。

A. start　　B. end　　C. startend　　D. endrt

10. 下面的程序执行后，文件 test 中的内容是(　　)。

```
#include <stdio.h>
void fun(char *fname,char *st)
```

```
{
    FILE *myf; int i;
    myf = fopen(fname,"w" );
    for(i = 0;st[i]!= '\0';i++)
    fputc(st[i], myf);
    fclose(myf);
}
main()
{
    fun("test","new world");
    fun("test","hello,");
}
```

A. hello,　　　　B. new world hello,

C. new world　　　　D. hello, new world

11. 以下程序试图把从终端输入的字符输出到名为 abc. txt 的文件中，直到从终端读入字符＃号时结束输入和输出操作，但程序有错。

```
#include <stdio.h>
main()
{
    FILE *fout; char ch;
    fout = fopen("abc.txt","r");
    ch = fgetc(stdin);
    while(ch!= '#')
    {
        fputc(ch,fout);
        ch = fgetc(stdin);
    }
    fclose(fout);
}
```

出错的原因是(　　)。

A. 函数 fopen()调用形式错误　　　　B. 输入文件没有关闭

C. 函数 fgetc()调用形式错误　　　　D. 文件指针 stdin 没有定义

二、编程题

1. 从键盘输入一串字符，把这串字符写入文件 file. txt。

2. 编程统计一个. txt 文档中空格的数量。

3. 有 5 个学生，每个学生有 3 门课的成绩，从键盘输入学生学号、姓名、3 门课成绩，计算出平均成绩，将原有的数据和计算出的平均分数存放在文件 studata. txt 中。

4. 将上题 studata. txt 文件中的学生数据按平均分进行排序处理，将已排序的学生数据存入新文件 stu_sort. txt 中。

5. 从键盘输入若干行字符(每行长度不等)，输入后把它们存储到一个磁盘文件中，再从该文件中读取这些数据，将其中小写字母转换成大写字母在显示屏上输出。

参 考 文 献

[1] 谭浩强.C语言程序设计[M].北京：清华大学出版社，2000.

[2] 赵凤芝.C语言程序设计能力教程[M].北京：中国铁道出版社，2006.

[3] 李泽中.C语言程序设计[M].北京：清华大学出版社，2012.

[4] 曹衍龙.C语言实例解析精粹[M].北京：人民邮电出版社，2005.

[5] 崔武子.C语言程序设计[M].北京：清华大学出版社，2013.

[6] Brian W. Kernighan，Dennis M. Ritchie. C程序设计语言[M]. 徐宝文，译. 北京：机械工业出版社，2001.

附录A ASCII码表

ASCII 码	字符	ASCII 码	字符	ASCII 码	字符	ASCII 码	字符
0	NULL	32	SPACE	64	@	96	`
1	SOH	33	!	65	A	97	a
2	STX	34	"	66	B	98	b
3	ETX	35	#	67	C	99	c
4	EOT	36	$	68	D	100	d
5	ENQ	37	%	69	E	101	e
6	ACK	38	&	70	F	102	f
7	BEL	39	'	71	G	103	g
8	BS	40	(	72	H	104	h
9	HT	41	)	73	I	105	i
10	LF	42	*	74	J	106	j
11	VT	43	+	75	K	107	k
12	FF	44	,	76	L	108	l
13	CR	45	-	77	M	109	m
14	SO	46	.	78	N	110	n
15	SI	47	/	79	O	111	o
16	DLE	48	0	80	P	112	p
17	DC1	49	1	81	Q	113	q
18	DC2	50	2	82	R	114	r
19	DC3	51	3	83	S	115	s
20	DC4	52	4	84	T	116	t
21	NAK	53	5	85	U	117	u
22	SYN	54	6	86	V	118	v
23	ETB	55	7	87	W	119	w
24	CAN	56	8	88	X	120	x
25	EM	57	9	89	Y	121	y
26	SUB	58	:	90	Z	122	z
27	ESC	59	;	91	[	123	{
28	FS	60	<	92	\	124	|
29	GS	61	=	93	]	125	}
30	RE	62	>	94	^	126	~
31	US	63	?	95	_	127	DEL

附录 B 运算符优先级和结合性

<table>
<tr><th>优先级</th><th>运算符</th><th>名称或含义</th><th>使 用 形 式</th><th>结合方向</th><th>说　明</th></tr>
<tr><td rowspan="4">1</td><td>[]</td><td>数组下标</td><td>数组名[常量表达式]</td><td rowspan="4">左到右</td><td></td></tr>
<tr><td>()</td><td>圆括号</td><td>(表达式)/函数名(形参表)</td><td></td></tr>
<tr><td>.</td><td>成员选择(对象)</td><td>对象.成员名</td><td></td></tr>
<tr><td>—＞</td><td>成员选择(指针)</td><td>对象指针—＞成员名</td><td></td></tr>
<tr><td rowspan="9">2</td><td>—</td><td>负号运算符</td><td>—表达式</td><td rowspan="9">右到左</td><td rowspan="7">单目运算符</td></tr>
<tr><td>～</td><td>按位取反运算符</td><td>～表达式</td></tr>
<tr><td>＋＋</td><td>自增运算符</td><td>＋＋变量名/变量名＋＋</td></tr>
<tr><td>——</td><td>自减运算符</td><td>——变量名/变量名——</td></tr>
<tr><td>*</td><td>取值运算符</td><td>*指针变量</td></tr>
<tr><td>&</td><td>取地址运算符</td><td>&变量名</td></tr>
<tr><td>!</td><td>逻辑非运算符</td><td>! 表达式</td></tr>
<tr><td>(类型)</td><td>强制类型转换</td><td>(数据类型)表达式</td><td></td></tr>
<tr><td>sizeof</td><td>长度运算符</td><td>sizeof(表达式)</td><td></td></tr>
<tr><td rowspan="3">3</td><td>/</td><td>除</td><td>表达式/表达式</td><td rowspan="3">左到右</td><td rowspan="3">双目运算符</td></tr>
<tr><td>*</td><td>乘</td><td>表达式*表达式</td></tr>
<tr><td>%</td><td>取余</td><td>整型表达式%整型表达式</td></tr>
<tr><td rowspan="2">4</td><td>＋</td><td>加</td><td>表达式＋表达式</td><td rowspan="2">左到右</td><td rowspan="2">双目运算符</td></tr>
<tr><td>—</td><td>减</td><td>表达式—表达式</td></tr>
<tr><td rowspan="2">5</td><td>＜＜</td><td>左移</td><td>变量＜＜表达式</td><td rowspan="2">左到右</td><td rowspan="2">双目运算符</td></tr>
<tr><td>＞＞</td><td>右移</td><td>变量＞＞表达式</td></tr>
<tr><td rowspan="4">6</td><td>＞</td><td>大于</td><td>表达式＞表达式</td><td rowspan="4">左到右</td><td rowspan="4">双目运算符</td></tr>
<tr><td>＞＝</td><td>大于或等于</td><td>表达式＞＝表达式</td></tr>
<tr><td>＜</td><td>小于</td><td>表达式＜表达式</td></tr>
<tr><td>＜＝</td><td>小于或等于</td><td>表达式＜＝表达式</td></tr>
<tr><td rowspan="2">7</td><td>＝＝</td><td>等于</td><td>表达式＝＝表达式</td><td rowspan="2">左到右</td><td rowspan="2">双目运算符</td></tr>
<tr><td>!＝</td><td>不等于</td><td>表达式!＝表达式</td></tr>
<tr><td>8</td><td>&</td><td>按位与</td><td>表达式 & 表达式</td><td>左到右</td><td>双目运算符</td></tr>
<tr><td>9</td><td>^</td><td>按位异或</td><td>表达式^表达式</td><td>左到右</td><td>双目运算符</td></tr>
<tr><td>10</td><td>|</td><td>按位或</td><td>表达式|表达式</td><td>左到右</td><td>双目运算符</td></tr>
<tr><td>11</td><td>&&</td><td>逻辑与</td><td>表达式 && 表达式</td><td>左到右</td><td>双目运算符</td></tr>
<tr><td>12</td><td>||</td><td>逻辑或</td><td>表达式||表达式</td><td>左到右</td><td>双目运算符</td></tr>
<tr><td>13</td><td>?:</td><td>条件运算符</td><td>表达式 1? 表达式 2:表达式 3</td><td>右到左</td><td>三目运算符</td></tr>
</table>

续表

优先级	运算符	名称或含义	使用形式	结合方向	说明
14	=	赋值运算符	变量=表达式	右到左	
	/=	复合赋值运算符	变量/=表达式		
	*=		变量*=表达式		
	%=		变量%=表达式		
	+=		变量+=表达式		
	-=		变量-=表达式		
	<<=		变量<<=表达式		
	>>=		变量>>=表达式		
	&=		变量&=表达式		
	^=		变量^=表达式		
	|=		变量|=表达式		
15	,	逗号运算符	表达式,表达式,…	左到右	

附录C　C语言的关键字

序号	关　键　字	说　　明
1	auto	声明自动变量
2	short	声明短整型变量或函数
3	int	声明整型变量或函数
4	long	声明长整型变量或函数
5	float	声明浮点型变量或函数
6	double	声明双精度变量或函数
7	char	声明字符型变量或函数
8	struct	声明结构体变量或函数
9	union	声明共用数据类型
10	enum	声明枚举类型
11	typedef	用于给数据类型取别名
12	const	声明只读变量
13	unsigned	声明无符号类型变量或函数
14	signed	声明有符号类型变量或函数
15	extern	声明变量是在其他文件中声明
16	register	声明寄存器变量
17	static	声明静态变量
18	volatile	声明变量在程序执行中可被隐含地改变
19	void	声明函数无返回值或无参数，声明无类型指针
20	if	条件语句
21	else	条件语句否定分支(与 if 连用)
22	switch	用于开关语句
23	case	开关语句分支
24	for	循环语句
25	do	循环语句的循环体
26	while	循环语句的循环条件
27	goto	无条件跳转语句
28	continue	结束当前循环，开始下一轮循环
29	break	跳出当前循环
30	default	开关语句中的“其他”分支
31	sizeof	计算数据类型长度
32	return	子程序返回语句(可以带参数，也可以不带参数)循环条件

附录 D　C 语言常用库函数

库函数并不是 C 语言的一部分，它是由编译系统根据一般用户的需要编制并提供给用户使用的一组程序。每一种 C 语言编译系统都提供了一批库函数，不同的编译系统所提供的库函数的数目和函数名以及函数功能是不完全相同的。ANSI C 标准提出了一批建议提供的标准库函数。它包括了目前多数 C 语言编译系统所提供的库函数，但也有一些是某些 C 语言编译系统未曾实现的。考虑到通用性，本附录列出 ANSI C 建议的常用库函数。

由于 C 语言库函数的种类和数目很多，例如，屏幕和图形函数、时间日期函数、与系统有关的函数等，每一类函数又包括各种功能的函数，限于篇幅，本附录不能全部介绍，只从教学需要的角度列出最基本的。读者在编写 C 语言程序时可根据需要，查阅有关系统的函数使用手册。

1. 数学函数

使用数学函数(见表 D.1)时，应该在源文件中使用预编译命令：#include <math.h>或 #include "math.h"。

表 D.1　数学函数

函数名	函数原型	功　能	返回值
acos	double acos(double x);	计算 arccos x 的值，其中 $-1\leqslant x\leqslant 1$	计算结果
asin	double asin(double x);	计算 arcsin x 的值，其中 $-1\leqslant x\leqslant 1$	计算结果
atan	double atan(double x);	计算 arctan x 的值	计算结果
atan2	double atan2(double x, double y);	计算 arctan x/y 的值	计算结果
cos	double cos(double x);	计算 cos x 的值，其中 x 的单位为弧度	计算结果
cosh	double cosh(double x);	计算 x 的双曲余弦函数 cosh x 的值	计算结果
exp	double exp(double x);	求 e^x 的值	计算结果
fabs	double fabs(double x);	求 x 的绝对值	计算结果
floor	double floor(double x);	求出不大于 x 的最大整数	该整数的双精度实数
fmod	double fmod(double x, double y);	求整除 x/y 的余数	返回余数的双精度实数
frexp	double frexp(double val, int *eptr);	把双精度数 val 分解成尾数和以 2 为底的指数，即 val = x * 2^n，n 存放在 eptr 指向的变量中	0.5≤尾数<1
log	double log(double x);	求 ln$x$ 的值	计算结果
log10	double log10(double x);	求 $\log_{10}x$ 的值	计算结果
modf	double modf(double val, int *iptr);	把双精度数 val 分解成数字部分和小数部分，把整数部分存放在 iptr 指向的变量中	val 的小数部分

续表

函数名	函数原型	功能	返回值
pow	double pow(double x,double y);	求 x^y 的值	计算结果
sin	double sin(double x);	求 sin x 的值,其中 x 的单位为弧度	计算结果
sinh	double sinh(double x);	计算 x 的双曲正弦函数 sinh x 的值	计算结果
sqrt	double sqrt (double x);	计算 x,其中 $x \geqslant 0$	计算结果
tan	double tan(double x);	计算 tan x 的值,其中 x 的单位为弧度	计算结果
tanh	double tanh(double x);	计算 x 的双曲正切函数 tanh x 的值	计算结果

2. 字符函数

在使用字符函数(见表 D.2)时,应该在源文件中使用预编译命令:#include <ctype.h> 或#include "ctype.h"。

表 D.2　字符函数

函数名	函数原型	功能	返回值
isalnum	int isalnum(int ch);	检查 ch 是否是字母或数字	是字母或数字返回 1;否则返回 0
isalpha	int isalpha(int ch);	检查 ch 是否是字母	是字母返回 1;否则返回 0
iscntrl	int iscntrl(int ch);	检查 ch 是否是控制字符(其 ASCII 码为 0～0x1F)	是控制字符返回 1;否则返回 0
isdigit	int isdigit(int ch);	检查 ch 是否是数字	是数字返回 1;否则返回 0
isgraph	int isgraph(int ch);	检查 ch 是否是可打印字符(其 ASCII 码为 0x21～0x7E),不包括空格	是可打印字符返回 1;否则返回 0
islower	int islower(int ch);	检查 ch 是否是小写字母(a～z)	是小字母返回 1;否则返回 0
isprint	int isprint(int ch);	检查 ch 是否是可打印字符(其 ASCII 码为 0x21～0x7E),包括空格	是可打印字符返回 1;否则返回 0
ispunct	int ispunct(int ch);	检查 ch 是否是标点字符(不包括空格),即除字母、数字和空格以外的所有可打印字符	是标点返回 1;否则返回 0
isspace	int isspace(int ch);	检查 ch 是否是空格、跳格符(制表符)或换行符	是,返回 1;否则返回 0
isupper	int isupper(int ch);	检查 ch 是否是大写字母(A～Z)	是大写字母返回 1;否则返回 0
isxdigit	int isxdigit(int ch);	检查 ch 是否是一个十六进制数字,即 0～9,A～F,a～f	是,返回 1;否则返回 0
tolower	int tolower(int ch);	将 ch 字符转换为小写字母	返回 ch 对应的小写字母
toupper	int toupper(int ch);	将 ch 字符转换为大写字母	返回 ch 对应的大写字母

3. 字符串函数

使用字符串函数(见表 D.3)时,应该在源文件中使用预编译命令:#include <string.h> 或#include "string.h"。

表 D.3 字符串函数

函数名	函数原型	功能	返回值
memchr	void memchr(void * buf, char ch, unsigned count);	在 buf 的前 count 个字符里搜索字符 ch 首次出现的位置	返回指向 buf 中 ch 第一次出现的位置指针。若没有找到 ch，返回 NULL
memcmp	int memcmp(void * buf1, void * buf2, unsigned count);	按字典顺序比较由 buf1 和 buf2 指向的数组的前 count 个字符	若 buf1＜buf2，返回负数；若 buf1＝buf2，返回 0；若 buf1＞buf2，返回正数
memcpy	void * memcpy(void * to, void * from, unsigned count);	将 from 指向的数组中的前 count 个字符复制到 to 指向的数组中。from 和 to 指向的数组不允许重叠	返回指向 to 的指针
memove	void * memove(void * to, void * from, unsigned count);	将 from 指向的数组中的前 count 个字符移动到 to 指向的数组中。from 和 to 指向的数组不允许重叠	返回指向 to 的指针
memset	void * memset(void * buf, char ch, unsigned count);	将字符 ch 复制到 buf 指向的数组前 count 个字符中	返回 buf
strcat	char * strcat(char * str1, char * str2);	把字符 str2 接到 str1 后面，取消原来 str1 最后面的串结束符\0	返回 str1
strchr	char * strchr(char * str, int ch);	找出 str 指向的字符串中第一次出现字符 ch 的位置	返回指向该位置的指针，如找不到，则返回 NULL
strcmp	int * strcmp(char * str1, char * str2);	比较字符串 str1 和 str2	若 str1＜str2，返回负数；若 str1＝str2，返回 0；若 str1＞str2，返回正数
strcpy	char * strcpy(char * str1, char * str2);	把 str2 指向的字符串复制到 str1 中	返回 str1
intstrlen	unsigned intstrlen(char * str);	统计字符串 str 中字符的个数，不包括终止符\0	返回字符个数
strncat	char * strncat(char * str1, char * str2, unsigned count);	把字符串 str2 指向的字符串中最多 count 个字符连到字符串 str1 后面，并以 NULL 结尾	返回 str1
strncmp	int strncmp(char * str1, * str2, unsigned count);	比较字符串 str1 和 str2 中最多前 count 个字符	若 str1＜str2，返回负数；若 str1＝str2，返回 0；若 str1＞str2，返回正数
strncpy	char * strncpy(char * str1, * str2, unsigned count);	把 str2 指向的字符串中最多前 count 个字符复制到字符串 str1 中	返回 str1
strnset	void * strnset(char * buf, char ch, unsigned count);	将字符 ch 复制到 buf 指向的数组的前 count 个字符中	返回 buf

续表

函数名	函数原型	功　　能	返　回　值
strset	void ＊strset(void ＊buf, char ch);	将 buf 所指向的字符串中的全部字符都变为字符 ch	返回 buf
strstr	char ＊strstr(char ＊str1, ＊str2);	寻找 str2 指向的字符串在 str1 指向的字符串中首次出现的位置	返回 str2 指向的字符串首次出现的位置；否则返回 NULL

4. 输入/输出函数

使用输入/输出函数(见表 D.4)时，应该在源文件中使用预编译命令：# include <stdio. h>或# include "stdio. h"。

表 D.4　输入/输出函数

函数名	函数原型	功　　能	返　回　值
clearer	void clearer(FILE ＊fp);	清除文件指针错误指示器	无
close	int close(int fp);	关闭文件(非 ANSI C 标准)	关闭成功返回 0；不成功返回－1
creat	int creat(char ＊filename, int mode);	以 mode 所指定的方式建立文件(非 ANSI C 标准)	成功返回正数；否则返回－1
eof	int eof(int fp);	判断 fp 所指的文件是否结束	文件结束返回 1；否则返回 0
fclose	int fclose(FILE ＊fp);	关闭 fp 所指的文件，释放文件缓冲区	关闭成功返回 0；不成功返回非 0
feof	int feof(FILE ＊fp);	检查文件是否结束	文件结束返回非 0；否则返回 0
ferror	int ferror(FILE ＊fp);	测试 fp 所指的文件是否有错误	无错误返回 0；否则返回非 0
fflush	int fflush(FILE ＊fp);	将 fp 所指的文件的全部控制信息和数据存盘	存盘正确返回 0；否则返回非 0
fgets	char ＊fgets(char ＊buf, int n, FILE ＊fp);	从 fp 所指的文件读取一个长度为 n－1 的字符串，存入起始地址为 buf 的空间	返回地址 buf，若遇文件结束或出错则返回 EOF
fgetc	int fgetc(FILE ＊fp);	从 fp 所指的文件中取得下一个字符	返回所得到的字符，出错返回 EOF
fopen	FILE ＊fopen(char ＊filename, char ＊mode);	以 mode 指定的方式打开名为 filename 的文件	成功，则返回一个文件指针；否则返回 0
fprintf	int fprintf(FILE ＊fp, char ＊format,args,…);	把 args 的值以 format 指定的格式输出到 fp 所指的文件中	实际输出的字符数
fputc	int fputc(char ch, FILE ＊fp);	将字符 ch 输出到 fp 所指的文件中	成功则返回该字符，出错返回 EOF

续表

函数名	函数原型	功能	返回值
fputs	int fputs(char str, FILE * fp);	将 str 指定的字符串输出到 fp 所指的文件中	成功则返回 0；出错返回 EOF
fread	int fread(char * pt, unsigned size, unsigned n, FILE * fp);	从 fp 所指定的文件中读取长度为 size 的 n 个数据项，存到 pt 所指向的内存区	返回所读的数据项个数，若文件结束或出错返回 0
fscanf	int fscanf(FILE * fp, char * format,args,...);	从 fp 指定的文件中按给定的 format 格式将读入的数据送到 args 所指向的内存变量中(args 是指针)	已输入的数据个数
fseek	int fseek(FILE * fp, long offset, int base);	将 fp 指定的文件的位置指针移到 base 所指出的位置为基准、以 offset 为位移量的位置	返回当前位置；否则返回－1
ftell	long ftell(FILE * fp);	返回 fp 指定的文件中的读/写位置	返回文件中的读/写位置；否则返回 0
fwrite	int fwrite(char * ptr, unsigned size, unsigned n, FILE * fp);	把 ptr 所指向的 n * size 字节输出到 fp 所指向的文件中	写到 fp 文件中的数据项的个数
getc	int getc(FILE * fp)	从 fp 指定的文件中读出下一个字符	返回读出的字符，若文件出错或结束返回 EOF
getchar	int getchar();	从标准输入设备中读取下一个字符	返回字符，若文件出错或结束返回－1
gets	char * gets(char * str);	从标准输入设备中读取字符串存入 str 指向的数组	成功返回 str；否则返回 NULL
open	int open(char * filename, int mode);	以 mode 指定的方式打开已存在的名为 filename 的文件(非 ANSI C 标准)	返回文件号(正数)，如打开失败返回－1
printf	int printf(char * format, args,...);	在 format 指定的字符串的控制下，将输出列表 args 的值输出到标准设备	输出字符的个数，若出错返回负数
prtc	int prtc(int ch, FILE * fp);	把一个字符 ch 输出到 fp 所指的文件中	输出字符 ch，若出错返回 EOF
putchar	int putchar(char ch);	把字符 ch 输出到 fp 标准输出设备	返回\n，若失败返回 EOF
puts	int puts(char * str);	把 str 指向的字符串输出到标准输出设备，并换行	返回\n，若失败返回 EOF
putw	int putw(int w, FILE * fp);	将整数 w(即一个字)写到 fp 所指的文件中(非 ANSI C 标准)	返回读出的字符，若文件出错或结束返回 EOF
read	int read(int fp, char * buf, unsigned count);	从文件号 fp 所指定文件中读 count 字节到由 buf 指示的缓冲区(非 ANSI C 标准)	返回真正读出的字节个数，若文件结束返回 0，出错返回－1

续表

函数名	函数原型	功　能	返　回　值
remove	int remove(char * fname);	删除以 fname 为文件名的文件	成功返回 0,出错返回 −1
rename	int rename(char * oname, char * nname);	把 oname 所指的文件名改为由 nname 所指的文件名	成功返回 0,出错返回 −1
rewind	void rewind(FILE * fp);	将 fp 指定的文件指针置于文件头,并清除文件结束标志和错误标志	无
scanf	int scanf(char * format, args, …);	从标准输入设备按 format 指示的格式字符串规定的格式,输入数据给 args 所指示的单元。args 为指针	读入并赋给 args 数据个数,若文件结束返回 EOF,若出错返回 0
write	int write(int fp, char * buf, unsigned count);	从 buf 指示的缓冲区输出 count 个字符到 fp 所指的文件中(非 ANSI C 标准)	返回实际写入的字节数,如出错返回−1

5. 动态存储分配函数

使用动态存储分配函数(见表 D.5)时,应该在源文件中使用预编译命令:#include <stdlib.h>或#include "stdlib.h"。

表 D.5　动态存储分配函数

函数名	函数原型	功　能	返　回　值
calloc	void * calloc(unsigned n, unsigned size);	分配 n 个数据项的内存连续空间,每个数据项的大小为 size	分配内存单元的起始地址;如不成功,返回 0
free	void free(void * p);	释放 p 所指内存区	无
malloc	void * malloc(unsigned size);	分配 size 字节的内存区	所分配的内存区地址,如内存不够,返回 0
realloc	void * realloc(void * p, unsigned size);	将 p 所指的已分配的内存区的大小改为 size。size 可以比原来分配的空间大或小	返回指向该内存区的指针。若重新分配失败,返回 NULL

6. 其他函数

有些函数由于不便归入某一类,所以单独列出。使用这些函数(见表 D.6)时,应该在源文件中使用预编译命令:#include <stdlib.h>或#include "stdlib.h"。

表 D.6　其他函数

函数名	函数原型	功　能	返　回　值
abs	int abs(int num);	计算整数 num 的绝对值	计算结果
atof	double atof(char * str);	将 str 指向的字符串转换为一个 double 型的值	双精度计算结果

续表

函数名	函数原型	功能	返回值
atoi	int atoi(char ＊str)；	将 str 指向的字符串转换为一个 int 型的值	转换结果
atol	long atol(char ＊str)；	将 str 指向的字符串转换为一个 long 型的值	转换结果
exit	void exit(int status)；	中止程序运行。将 status 的值返回调用的过程	无
itoa	char ＊itoa(int n，char ＊str，int radix)；	将整数 n 的值按照 radix 进制转换为等价的字符串，并将结果存入 str 指向的字符串中	一个指向 str 的指针
labs	long labs(long num)；	计算 long 型整数 num 的绝对值	计算结果
ltoa	char ＊ltoa(long n，char ＊str，int radix)；	将长整数 n 的值按照 radix 进制转换为等价的字符串，并将结果存入 str 指向的字符串	一个指向 str 的指针
rand	int rand()；	产生 0～RAND_MAX 的伪随机数。RAND_MAX 在头文件中定义	一个伪随机(整)数
random	int random(int num)；	产生 0～num 的随机数	一个随机(整)数
randomize	void randomize()；	初始化随机函数，使用时包括头文件 time.h	